高等学校计算机专业规划教材

软件工程基础与应用

（第2版）

马小军　张玉祥　编著

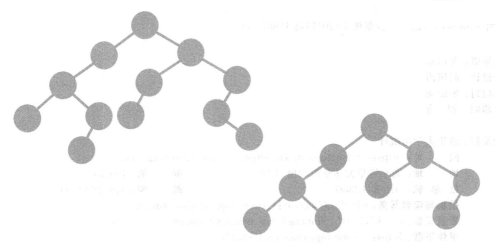

清华大学出版社

北 京

内 容 简 介

本书以软件工程基本理论知识的普及和常用开发方法的介绍为出发点,对软件工程的主要原理、基本概念、主流技术方法的特点和使用规则、软件测试与维护的一般方法以及软件规模估算与项目的管理等进行了全面描述。全书共10章,第1、2章是软件工程综述;第3章是需求调研与可行性分析;第4～6章是系统分析与设计,并重点介绍基于结构化技术的分析与设计方法以及编码实现的基本原则;第7、8章是基于面向对象技术的分析与设计方法以及统一建模语言UML;第9章是软件测试技术与维护方法;第10章是软件项目管理。配合各章知识点的介绍,每章不但有简单举例和丰富的习题,而且还以一个规模和难度适中的项目为中心进行综合举例说明,并贯穿书中的主要章节,便于读者对所学内容的正确理解和实际应用的认识。

本书既注重理论也强调实际应用,所述内容讲解清晰、实用,所画图形规范、统一,所选案例简明、完整,本书既可作为高等院校相关专业本科生软件工程课程的教材或参考书,也可作为应用软件开发人员、项目管理人员和专业技术人员编写技术文档的参考资料。

图书在版编目(CIP)数据

软件工程基础与应用/马小军,张玉祥编著. —2版. —北京:清华大学出版社,2017(2024.9重印)
(高等学校计算机专业规划教材)
ISBN 978-7-302-47411-1

Ⅰ. ①软… Ⅱ. ①马… ②张… Ⅲ. ①软件工程-高等学校-教材 Ⅳ. ①TP311.5

中国版本图书馆 CIP 数据核字(2017)第 126875 号

责任编辑: 龙启铭
封面设计: 何凤霞
责任校对: 焦丽丽
责任印制: 刘 菲

出版发行: 清华大学出版社
　　　　　网　　址: https://www.tup.com.cn,https://www.wqxuetang.com
　　　　　地　　址: 北京清华大学学研大厦 A 座　　　　　**邮　　编:** 100084
　　　　　社 总 机: 010-83470000　　　　　**邮　　购:** 010-62786544
　　　　　投稿与读者服务: 010-62776969,c-service@tup.tsinghua.edu.cn
　　　　　质量反馈: 010-62772015,zhiliang@tup.tsinghua.edu.cn
　　　　　课件下载: https://www.tup.com.cn,010-83470236
印 装 者: 三河市龙大印装有限公司
经　　销: 全国新华书店
开　　本: 185mm×260mm　　　　**印　　张:** 15.5　　　　**字　　数:** 359 千字
版　　次: 2013 年 9 月第 1 版　　2017 年 9 月第 2 版　　**印　　次:** 2024 年 9 月第 7 次印刷
定　　价: 35.00 元

产品编号:073339-01

序

软件工程学科的发展有其历史的必然。近半个世纪以来,随着通信、计算机、网络应用的普及,作为其灵魂的软件的开发显得越来越重要。无数的反例证明,如果软件产品的质量达不到要求,带来的损失是极其严重的。为保证或提高软件产品的质量,最关键的问题就是从技术和管理两方面双管齐下,使用得到实际考验的一系列最佳软件开发实践,作为我们工作的指导原则,切实做好软件开发的各项活动。

有人讲,软件工程课程学不学没有用处。事实上是这样吗?绝对不是。我在给清华大学计算机系的工程硕士上软件工程课的时候,他们说,他们上的所有课程中,这门课最有用。因为他们都是从事软件开发多年的在职研究生,他们反映,多年来困惑他们的很多问题,从课程中都能找到对应的解决方法。有时,看上去是一句普通的"原则",在实践上却能解决大问题。所以,虽然课本中讲了许多条条框框,其实都是有其实践背景的。

还有人讲,软件工程这门课程太枯燥,听不懂,做不会,学习起来提不起兴趣。这就是学习方法问题了。软件工程有一条主线,即软件生命周期过程。它的特点是分阶段、有迭代。

从软件开发方法来看,不论是传统的结构化方法,还是面向对象方法,或新的面向服务架构,它们都有各自的适用领域,有不同的视角、不同的活动组织方式和不同的架构。

从软件工程过程来看,最基本的是开发过程、运行过程和维护过程,此外还有各种支持过程和组织过程,它们为基本过程提供辅助支持和各种保证。

从软件工程管理来看,有整体管理,包括启动、计划、执行、控制和收尾5大过程,此外,还要考虑需求、成本、进度、质量、人员、沟通和风险等方面的管理活动。

如果我们明确了软件工程的主要方面,就可以有目的、系统地进行课程的学习了。

总之,对于软件工程,应首先想到它是有用的,也可能将来工作后用不到操作系统原理、计算机原理等课程所讲的内容,但只要是从事软件开发,软件工程就是回避不了的。其次,要有它不难学的思想。关键是对将来自己工作的领域要有规划,找准方向,有针对性地学习。特别地,由于社会需求

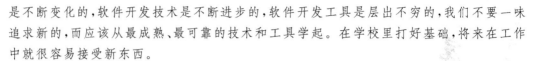

是不断变化的，软件开发技术是不断进步的，软件开发工具是层出不穷的，我们不要一味追求新的，而应该从最成熟、最可靠的技术和工具学起。在学校里打好基础，将来在工作中就很容易接受新东西。

马小军老师从事软件工程的教学已经20多年了，我与她的相识是在20世纪90年代初她听我的软件工程课的时候。她是一位对工作很认真的老师，在这么多年的教学中已经积累了丰富的教学经验，并领导了许多软件开发项目，从如何培养应用型技术人才角度出发，对软件工程的教学体系、课程内容选材和实践活动组织等各方面都有很好的想法，这本教材的编写就体现了她的教学思路和多年教学的体会，有理论，有案例，全书在内容组织方面注重科学性和系统性，在行文叙述方面颇具简洁性和可读性。我推荐同学们认真阅读，切实领会其实质，不断进步。

清华大学计算机系教授　殷人昆

2013 年 7 月

第2版前言

基于近几年来使用本书第 1 版开展"软件工程"课程教学的感受以及师生们对一些问题的认识与研讨,同时结合软件领域技术的使用状况,本书第 2 版更注重软件工程基本理论和技术在当前软件开发领域中的实用性、学生在学习过程中的易理解性以及核心概念和技术的拓展应用,主要做了如下调整:

(1) 增加了对软件工程师职业道德及基本素质的论述,使学生对未来成为一名软件工程师有初步的了解。

(2) 略掉了近几年较少使用且容易造成学习和理解障碍的概念和形式化使用,例如受限关联、链属性等。

(3) 对一些常用且很重要的概念、名词和技术使用方法等,则调整了论述的方式,增强了条理性,并加大举例说明的力度,同时也更注重举例的可理解性与前后连贯性,例如模块结构图的最佳与最差设计、UI 设计、面向对象技术与 UML 建模过程中类的抓取等。

(4) 针对测试工作重要性的不断提升,特别是 Web 类软件和游戏类软件的大量推出,测试技术与方法也得到了不断的扩充与完善,增加了自动化测试技术和工具的介绍。

(5) 伴随各章进行系统化应用学习的综合案例被完整替换,选择的是国内所有高校大学生每年都会亲身参与的体能测试活动作为背景,分别采用结构化技术和面向对象技术,进行了项目需求定义、系统分析和系统设计等开发过程的系统化详细论述。对于其他非高校学生读者,鉴于一般也都有体测的经历,与此案例有极大的相似之处,学习理解应该也比较容易。选择此项目的另一个考虑是,测试活动很有可能随着要求和地域的不同发生变化,学生则可以根据已给出的分析和设计成果进行相应的方案调整练习,从而达到理论与实践及时的结合。

(6) 对各章后的练习题都做了调整,不仅增加了对一些容易混淆概念的对比理解题,还增加了一些激励学生结合实际体会或兴趣进行分析思考的题目,以期使学生将原以为枯燥的学习、抽象的技术概念能够马上用于实际问题的解决,提高继续学习的兴趣和热情。

本书第 2 版的编写依然遵循内容实用和系统化、图形规范和一致的原则,融入了多年的教学和实践经验,并采用通俗易懂的语言和简明完整的举例进行表述。书中所有图形(除界面截图以外)均采用 Microsoft Office Visio 2007 或 2010 绘制。

本书共计10章，马小军作为总负责人，提出了总体修改方案，并修改、编写了第1～6章，第7～10章由张玉祥修改、编写。

在本书第2版的修改编写过程中，获得了"北京联合大学'十三五'规划教材建设项目"的资助，也得到了张冰峰、马楠和廖礼萍三位老师的支持和协助，同时又参阅了大量的文献和资料，为最终内容的筛选与论述提供了丰富的借鉴，在此向这些老师、北京联合大学领导和专家以及文献资料的作者再次表示衷心的感谢。

由于时间关系且作者水平有限，书中难免会存在问题和不妥之处，真诚地希望广大读者和软件工程领域的专家能够提出宝贵的意见和建议，我们会虚心地接受并认真思考、修正。作者联系方式：xxtxiaojun@buu.edu.cn。

编　者

2017 年 6 月于北京

第1版前言

　　软件工程以研究如何高效率地开发高质量、高可靠性、易维护的软件产品为核心内容,自从 20 世纪 60 年代末推出以来,对软件产业的发展起到了巨大的推动作用。软件工程思想的严谨性、开发过程的规范化,为软件项目开发提供了理论保障;各种开发技术和开发方法的涌现和使用,计算机硬件性能的极大提高,以及网络技术和多媒体技术等的不断完善,为开发功能健全、性能良好、用户满意的软件,提供了技术支持。由此也促进了软件在各行各业、各个领域中的广泛应用,成为企事业单位全面实现信息化建设的核心内容。随着软件应用的广泛化与内部功能更新的频繁化,用户对软件质量和健壮性的要求更加突出,只有严格遵循工程化和规范化思想的指导,软件开发才可能获得成功。

　　在很多人的概念里,软件开发就是编写程序,即便是一些公司里面的技术人员,对软件工程也缺乏正确的认识,项目开发过于随意,导致公司虽然能够获得了眼前的经济效益,但因产品在后期不断出现问题,直接影响了企业的形象,长远收益大打折扣。21 世纪以来,软件工程作为独立的学科体系,与计算机科学、信息工程、计算机工程等并存,体现出国家对软件技术人才的培养更加重视。信息化发展步伐的迈进,使软件人才的社会需求量也显著提高。软件开发不再是软件专业学生独自掌握的知识和专有技能,而变得更加大众化和普遍化。因软件工程不仅强调技术及其应用,也是一种分析问题和解决问题的思想和方法。所以,系统学习软件工程的知识,对任何专业、将来做任何工作的人而言,都是十分有意义和必要的。

　　目前市面上出版的软件工程教材比较多,所介绍的理论知识和开发技术也很全面,但各部分的举例不够系统性,特别是对于一些非计算机专业的学生而言,欠缺很多软件方面的专业基础知识,理解起来有一定困难。其结果导致对各章节知识的理解和持续性,特别是技术方法的完整运用,学生难以体会和感受。

　　为此,我们结合对软件工程的了解与感悟以及多年的教学体会与经验,对软件工程的基本概念、基本理论和主流技术进行系统梳理后编写了本书,书中不仅进行了理论、技术和工具的介绍,同时选择了一个难度和规模适中且学生容易理解的项目作为综合案例,在书中的主要章节贯穿描述,目的是帮助学生正确理解所学内容,系统化地掌握和认识软件工程的思想、技术在实际开发中的具体运用,从而使教材的阅读、学习达到理论与实践的密切结合。

全书共 10 章，依照软件生存周期的理念展开叙述，具体内容如下。

第 1、2 章是软件工程综述，主要介绍软件的概念和特点，软件工程提出的背景和基本原理，几种主流开发方法，软件生存周期的组成和开发模型，以及常用的建模工具等。

第 3 章是需求调研与可行性研究，主要介绍需求调研的基本方法、用户业务流程的描述、项目可行性分析及软件成本/效益分析的常用方法等。

第 4、5 章是系统分析与设计，重点介绍基于结构化技术的分析与设计方法，包括主要任务、工作原理、基本原则，以及数据流程图、数据字典和软件结构图的构建与优化等。

第 6 章是详细设计与编码实现，主要介绍算法的常用描述工具、界面设计需要注意的问题以及一般编码原则等。

第 7、8 章是基于面向对象技术的分析与设计方法以及统一建模语言 UML，主要介绍面向对象分析与设计的基本原理、工作过程以及面向对象技术和 UML 中的主要视图模型与构建方法等。

第 9 章是软件测试技术与维护，主要介绍测试的概念与方法、软件调试的步骤与方法以及软件维护的概念、影响维护的因素和提高可维护性的方法。

第 10 章是软件项目管理，主要介绍软件规模估算方法、风险分析与监控、人员的组织与管理、进度与软件质量的控制等。

作为主编，马小军负责本书的结构组织、综合案例的确定和统稿，并编写了第 1 章、第 2 章和第 4 章，廖礼萍编写了第 5 章、第 7 章和第 8 章，第 3 章、第 9 章和第 10 章由张冰峰编写，第 6 章由马楠编写。全书由马小军统稿。

在本书的编写过程中，参阅了大量的文献和资料，在此向这些文献资料的作者深表崇敬之意并衷心的感谢。

本书的编写以北京联合大学信息学院软件工程平台课教学改革为依托，突出内容的实用性和系统化以及图形的规范化和一致性，语言通俗易懂，结构编排合理；所有举例简明、完整，同时，书后配有丰富的习题。书中所有图形（除界面截图以外）均是用 Microsoft Office Visio 2007 绘制的。

本书既可作为高等院校相关专业本科生软件工程课程的教材或参考书，也可作为项目管理人员、应用软件开发人员和专业技术人员的技术参考资料。

我们希望读者通过阅读本书，了解软件工程的理念，理解二种主流技术的特点和基本原则，掌握各种模型和建模工具的使用。同时，通过综合举例，感受软件项目开发过程中系统分析和系统设计的关系与具体实施方法，为今后独立从事一个小型软件项目的开发提供参考和帮助。但由于时间关系且作者水平有限，书中难免会存在问题和不妥之处，真诚地希望读者和软件工程领域专家能够提出宝贵的意见和建议，以帮助我们逐步完善和修正。作者联系方式：xxtxiaojun@buu.edu.cn。

编　者

2013 年 5 月于北京

目录

第 9 章　测试与维护　　/183

第 1 章

概　述

随着软硬件技术的发展,在软件工程思想指导之下进行软件开发,已经被广大软件技术人员和管理人员普遍认可、接受并在实际项目中运用。了解和学习软件工程的知识,对于开发出高质量的软件产品至关重要。

自世界上第一台电子计算机在美国诞生至今,计算机技术的发展和应用已经完全超出了当时发明团队成员的预期,特别是近几年各种形式的计算机设备,如笔记本、平板电脑、iPad、智能手机等的相继问世,给人们的工作和生活带来了极大的便捷,已经成为日常不可或缺的必需品和工具。但是,没有安装软件的计算机(通常称之为裸机)是无法为人提供任何服务的,硬件设备作用的发挥是离不开软件的控制的。软件是什么? 与程序有何区别和联系? 为何要提出软件工程? 软件工程的提出对软件开发领域带来了怎样的影响呢? 在强调信息化建设的时代,软件技术的先进性与实用性对信息化的发展、文化与系统安全有怎样的影响呢? 如何才能成为一名合格的软件工程师? 本章将对这些问题进行详细论述。

本章要点:
- 软件的基本概念及具有的特点;
- 软件工程的提出背景与主要思想;
- 主流的软件开发技术与方法;
- 软件工程师的基本素质。

1.1　软件的基本概念及特点

世界上第一台电子计算机 ENIACK 诞生于 1946 年,占地 170 平方米,重量约 3×10^4 kg,计算能力为每秒可执行 5000 次的加法运算。当时,人们见到这个体积庞大、能够代替人完成数据分析计算的设备,其内心的兴奋和神奇感难以言表。虽然相比于今天我们使用的 PC 和笔记本等计算机而言,ENIACK 内部结构非常简单,但它为人类在现代化计算设备领域的创新发展开拓了方向,在数据处理技术的提出和改进方面奠定了基础,对整个社会进步带来了重要的影响。

1.1.1　软件是什么

在硬件设备不断发展、改进的同时,能否充分发挥它的作用、在其上完成更复杂的工作,是那个年代技术人员的理想和梦想,"软件"这一术语也正是在这个追梦的过程中于

20世纪60年代被正式提出的。但在很长时间里，人们认为软件就是程序，做软件就是编程序，这种错误的认识直至今日依然存在，而且并不鲜见。软件到底是什么？与程序有何本质区别？怎样描述才能够准确体现它的内涵呢？

1. 程序

程序（program）是用计算机语言描述的、能够被计算机内部所包含的各种硬件元器件识别和处理的指令（或语句）序列。任何程序无论大小，编写目的都是为解决某一个特定问题，为需要的用户提供一个具体、有效的服务。

学习过计算机程序语言的人们都知道，编写程序强调逻辑性，但逻辑是否正确，只有在计算机上实际运行才能够证明。运行过程中，需要数据的支持，若没有具体的数据被接收或处理，程序是不能产生任何结果的，因此也无法验证程序逻辑的正确性。用户看不到操作结果，不可能接受和继续使用，程序则失去存在的价值。

2. 软件

IEEE（Institute of Electrical and Electronics Engineers，国际电子与电器工程师协会）对软件（software）给出了如下的定义：软件是计算机程序、方法与规则、相关的文档资料以及在计算机上运行时需要的数据的集合。与程序相比，软件更强调整体的逻辑性，对于任何一个非计算机专业的人而言，它是一个脱离开硬件完全看不出效果、充满神奇的、非实物化的逻辑部件。程序只是软件的内容之一，是结果的最终体现手段和工具。编写程序的过程中通常会涉及一些特殊的计算方法，我们称之为算法，这些算法既依赖于数学中的公式和逻辑推理，也要与行业内部的管理方法与规则保持一致。因此，一个软件的推出并非几个程序的编写和运行所能代表，也不是像家具和电器产品那样利用物理材料制作而成，而是一项复杂的生产过程，是人类智慧劳动的结果。如果将软件概括描述为：

$$软件＝规则＋程序＋文档＋数据$$

那么，缺少任何一项内容，都不能称为软件，而且随着软件规模和复杂度的不断提高，规则和文档的作用更加突出。所以，认为软件即程序的认识是十分狭隘和完全错误的。

3. 软件的特点

相比计算机硬件设备，软件因其依赖于严谨的逻辑分析，具有严格的推理生产过程，同时受运行环境和硬件性能的影响，具有下列突出特点。

1）高智能性

任何软件都是脑力劳动的结晶，是数学、管理经验和经济分析等多种知识的综合运用，不仅能够帮助人们完成复杂和高精度的计算，还能够对大量数据进行多种形式的分析，进而作为企事业单位调整发展的决策依据。

2）无形态、不可见性

因为软件是逻辑分析的产物而非实物，所以是一个逻辑部件，既无外观形态，也不具有物理大小特征，是极其抽象的，无法按照一般实物的常用方法去制作和评判质量高低，更不能在运行之前凭主观想象对其进行效果评价和实用价值的定性描述。

3）开发过程复杂性

通常软件是一个庞大的逻辑系统，其制作是一个复杂的开发过程，与其他行业的产品制作过程最大的区别是，中间过程的成果都是抽象的方案，既要体现业务流程，又要在满足功能要求的前提下最大限度地减少重复设计,协调调用关系,所以描述结果是一般人无法理解的,即便是专业人员也可能会因为对内部复杂关系认识不足或理解不透彻、不一致而影响后期工作的进行。这使得软件开发成为了一项非常复杂的工作。

4) 产品化的低成本性

原版软件开发完成之后,只要对其进行复制即可形成批量产品,然后安装在不同的计算机上,依照操作要求就可以运行使用,而不需要再投入大量的人力、财力和原材料。

5) 无磨损、无老化性

所有的物理设备,如计算机硬件、家用电器和汽车等,随着使用时间的延长,都会出现部件损害或老化的情况,导致故障频繁出现或被磨损失效,但是所有软件只要功能要求没有变化,本身没有人为的删除或破坏,新的运行环境能够兼容,即可以永久地使用下去,绝对不会因为反复使用而出现自动老化或自我损坏。例如,在 C++ 、C♯被大量用来开发基于面向对象技术的网络化系统的今天,作为结构化程序设计语言典型代表的 C 语言依然活跃于一些操作系统或底层控制系统的开发中,甚至有时候还是企业招聘软件开发人才的一个基本技能考核内容。

6) 对硬件的依赖性

软件只有在硬件设备上运行,才能发挥并体现它的可使用性和价值,而且随着软件的发展,对硬件的性能要求也越来越高,如一些图像处理的软件或游戏软件,要求计算机内存和硬盘足够大、处理器的主频足够快、分辨率足够高等。达不到基本的配置要求,软件根本无法运行。软硬件之间的这种密切依赖关系在其他实物化产品中是基本没有的。

7) 维护复杂性

由于软件是依据用户的要求而开发的,在投入使用的过程中,通常会暴露出一些潜在的错误,同时用户的工作流程和需求也会随着工作内容的变化而发生变化。遇到这些问题,都需要对软件进行修改和维护,而这项工作的复杂度有时相比于开发一个新软件并不简单,其投入是不可预估的。

1.1.2　软件的分类

随着计算机的发展与普及,软件也逐渐形式多样,用途各异,不同人士对软件的类别划分也存在一定的差异,目前主要提出了下列几种分类方法。

1. 按功能划分

根据软件的作用和功能,主要分为系统软件、应用软件、支撑软件和可复用软件四4类。

(1) 系统软件:是计算机的底层软件,直接操控计算机硬件设备并与之进行交互,同时为其他软件的运行提供底层服务与支持。例如广为大家使用的 Windows 和 UNIX 操作系统、Oracle 数据库系统、打印机驱动程序等,都属于系统软件。

(2) 应用软件:能够为用户群提供综合服务的软件,通常又分为行业应用软件和通用软件等,如教务管理系统、财务软件、网络银行、图形处理软件、办公软件和游戏软件等。此类软件是通过具体的工具开发而成,其运行基于系统软件。受服务的局限,每个应用软件的用户群有一定的范围,但相比系统软件,其形式多样,使用领域广泛。

（3）支撑软件：也被称为工具软件，是介于系统软件和应用软件之间的、具有支撑作用的软件。常见的编译器、错误检测程序等是最简单、最一般的支撑软件，20 世纪 90 年代中后期开始发展的软件开发环境也属于支撑软件，如 Eclipse、Visual Studio 等。近几年广泛流行的中间件、公共控件等则被软件界称为现代支撑软件，它们的开发和使用，为用户应用系统的开发提供了便利，同时也降低了重复，使开发效率极大提高。

（4）可复用软件：在开发新软件时作为公共标准和基础的软件。早期的可复用软件主要是软件自带的标准函数库，程序员编写程序时可以直接使用。后来可复用软件扩充到体系结构复用和开发过程的复用，各种可复用的类库和应用程序库等不断推出，并被统一称为可复用构件。与之前的标准函数库不同之处在于，可复用构件在开发新软件时，既可以通过继承的方式直接引用，也可以根据需要加以修改使用。

2. 按规模划分

在一般人看来，软件的大小是以程序代码行的数量作为唯一的表示。但是，大量实践证明，由一人完成一个一千行的软件与由 3 人共同完成同样大小的软件，其内部的复杂度以及开发过程需要考虑的问题等是有很大差别的。因此，对软件规模的衡量不仅依赖于代码行，同时还与参加开发的人数和开发时间有密切关系。软件规模的划分如表 1.1 所示。

表 1.1　软件规模的分类

类　别	参加人员数	研 制 期 限	产品规模（源程序行数）
微型	1	1～4 周	0.5k
小型	1	1～6 月	1k～2k
中型	2～5	1～2 年	5k～50k
大型	5～20	2～3 年	50k～100k
甚大型	100～1000	4～5 年	1M
极大型	2000～5000	5～10 年	1M～10M

注：1k=1000，1M=1000k。

3. 按工作方式划分

按工作方式可将软件划分为实时软件、分时软件、批处理软件和交互式软件。

（1）实时软件：指能够对外部事件或外部环境变化给予及时响应的软件，如机场导航系统、楼宇安全监控系统、售票系统和考试录取系统等。

（2）分时软件：将计算机 CPU 的处理时间划分为多个时间片，并分配给不同的任务使用的软件，如 Window 操作系统。

（3）批处理软件：指将一批数据集中于某个特定的时间点统一处理的软件。通常以时间作为任务执行的触发条件，减少后台的频繁处理，从而提高系统的运行效率。此类软件通常用于顺序性要求较强且由多方协同处理的事务。

（4）交互式软件：指用于实现人-机对话的软件。典型的代表如 Web 页面，它以 HTML 和 XML 作为文档描述工具，安装在 Web 服务器上，但运行于各客户端。

1.1.3　软件的发展

计算机硬件设备的不断完善促进了软件的发展,到目前为止,软件的发展经历了 4 个阶段。

1. 程序设计阶段（20 世纪 40 年代中期至 50 年代中期）

由于计算机硬件设备处于初级阶段,技术不成熟,处理能力差,人们的注意力基本上都集中于对设备进行改进,完成了从电子管到晶体管的变革。但因机器内存小、主频低、运行速度慢,而且编写程序采用的都是低级语言,包括指令式的机器语言和以英语单词作为引导符号的汇编语言,所以程序员编写程序时极其强调技巧,力求尽可能地缩短运行时间,节省内存。另外,这一阶段的程序仅限于科学计算,且都是自编自用,程序运行的结果只要正确,能够满足程序员自己的需要即可。至于程序的逻辑结构是否清晰、可读性和可维护性如何,则完全不予以考虑,更谈不上对程序编写思路的周密分析和开发结果的记录。

2. 程序系统阶段（20 世纪 50 年代后期至 60 年代中期）

计算机硬件的内部结构和外部设备发展变化较大,半导体材料和集成电路的大量应用,使得设备形态和体积缩小,但运算速度加快;磁盘和磁鼓作为独立的存储器,存储容量极大地得到扩充。技术的成熟使得生产成本显著下降,同时可靠性却增强许多。

受硬件发展的影响,软件的用途、规模和开发方法也有了很大的进步。不仅推出了高级程序设计语言和操作系统,并被广泛应用,而且专门用于数据管理的软件——文件系统也出现了。相比于之前的低级语言而言,用高级程序设计语言编写程序简单、方便,程序结构清晰、规范,可读性好。随着一些单位所使用的数据的复杂度和对数据处理要求的提高以及处理量的加大,人们对软件的要求不仅用于科学计算,更多的是完成数据的输入输出操作和各种业务功能的控制实现,如银行的存取款、大规模的人口信息统计分析等。以文件的形式存储数据,实现了数据脱离于程序且可以长期保存的效果,在一定程度上节省了对程序和数据进行维护的工作量。

另外,还要特别一提的是,鉴于软件复杂度的增加,这个阶段中软件已不再是自给自足的个人开发,出现了由几个人组成的“软件作坊”,专门承接一些用户软件开发的任务。这也被人们称为是软件生产工业化的雏形。然而,作坊中的成员因缺乏开发经验,又没有统一的规则和技术标准约束,导致工作过于随意,最终成果常常无法满足用户的要求。问题日积月累,这种缺乏统筹管理的个体作坊式软件生产终于导致在 20 世纪 60 年代中期以后爆发了软件危机。

3. 软件工程阶段（20 世纪 60 年代末至 80 年代中期）

在硬件方面,由于超大规模集成电路广泛使用,高性能的微机生产技术被推出且逐渐成熟,计算机从大型而又稀少的电子设备,成为了一些人的办公工具,特别是成为计算机专业的学生开展实验的环境。软件开发则进入了一个工程化、规模化、自动化和标准化的新阶段,可谓是软件领域的里程碑。首先软件业借鉴其他工程建设的经验,提出了软件生产采取工程化的思想,要有循序渐进、周密设计的过程;其次,各种开发技术、开发工具、开发环境和开发标准等被研究推出并广泛使用,如结构化技术、原型化开发方法、高级程序设计语言以及数据库管理系统、人工智能系统等；另外，基于这些工具和环境的支持，软件规模也逐渐向中型和大型化发展，开发团队在技术水平、开发规范性以及对软件维护的认识和具体实施等方面与之前的软件作坊完全不同。软件已经从最初的仅用于科学计算，发展成为渗透于各种领域，能够满足各类用户的应用要求，智能化和集成化的系统，为人类提供丰富多彩、形式多样的服务。

4. 面向对象的软件工程阶段（20 世纪 80 年代末以来）

高性能计算机生产技术日益成熟，设备生产量飞速增大，性价比趋于理想化，使计算机逐渐成为了普通百姓的基本电子用品和娱乐工具。硬件的普及，促进了软件技术的更新和发展，互联网、面向对象技术、桌面操作系统、分布式处理和并行计算等，均是该阶段具有重大影响的标志性成果。面向对象技术的推出，改变了软件开发模式和系统结构。多媒体技术的应用，使软件从以处理数字为核心，变为能够对图形、图像、声音和文字进行全面集成处理，信息处理能力的提高和数据形式的多样化，使计算机的应用领域和服务范围扩大。广泛应用在工程、科学、医药、军事、商业等领域的专家系统，是根据人们的知识、经验和技术而建立的解决问题和做决策的计算机软件系统，它能够模仿人类专家解决特定问题的推理过程，帮助普通用户提升解决问题的能力。专家系统的使用，为企业带来了巨大的经济效益。人工神经网络是由大量处理单元互联组成的非线性、自适应信息处理系统，是基于现代神经科学研究成果而提出并开发的，通过模拟大脑神经网络处理、记忆信息的方式完成信息的处理，具有自适应、自组织和实时学习的特点。目前，分布计算、云平台资源共享及物联网，不仅成为专业技术人员的研究重点，而且已经推出了许多具有广泛应用市场的实用性成果，例如智慧果园灌溉、数字化安全社区、城市智能照明系统等。

1.2 软件工程的提出

1.2.1 软件工程提出的导火索

如前所述，20 世纪 60 年代以前，计算机设备极少，人们仅限于用计算机进行复杂的科学计算，软件的核心是利用程序指令完成基本算法控制。然而，20 世纪 60 年代之后，软件的规模和应用都发生了变化，但是人们对软件的认识却依旧，由此导致开发和使用过程中出现了一些人们无法控制和解决的问题，这被称为软件危机。

软件危机是指在计算机软件开发和维护的过程中所遇到的一系列严重问题，这些问题不仅有运行中出现的错误，还涉及开发计划的实施和开发经费的使用，而且问题并非偶然发生，在领域内成为普遍现象。简单地讲，软件开发在质量、时间、经费和人员等方面均存在严重问题和尖锐矛盾，具体有如下的突出表现：

（1）软件开发的实际成本和进度执行情况与预先估算相差甚远。因缺乏科学、严谨的考虑，项目开发过程中各种问题频出，使得开发进度受到严重影响，导致产品交付时间不断推迟，拖延几年才交付用户的情况经常发生，这不但使开发方的信誉全无，用户方的自动化工作进程受到极大影响，同时，开发经费因开发周期的一再延长而不断增加，使开发成本极大超出原来的预算。

（2）已完成的软件与用户的要求相差甚远。开发人员在没有完全明确用户的基本需求和想法时即急于开始编写程序，而且在编写过程中，遇到问题和疑惑时，与用户缺乏及时的沟通和交流，采取自我想象式的方法进行处理，其结果必然偏离用户的要求，导致用户不满意的情况频繁发生。

（3）软件产品质量与预期目标相差甚远。因缺乏严格的软件质量评估技术支持，软件产品开发完成后，未经过检测即交给用户，质量根本无法保证。而且，为了赶工期和降低开发成本，各种偷工减料的行为在开发过程中时常出现，也使软件的质量与预期目标相差甚远。

（4）没有文档资料，软件基本不具备可维护性。对于当时的开发人员而言，软件的含义就是程序，无论采取什么方法，只要把程序代码编写出来并安装到用户的机器上即完成任务。当出现小错误时，直接修改某个程序。由于每个人的编程习惯和风格各异，不统一也无规范，一旦环境变化或出现相对复杂的问题时，因没有可参考的资料，不清楚当时系统的整体设计思想、某个功能的实施方案以及程序间的关联关系，所以基本上无从下手修改或不能进行错误或问题的彻底清除，软件的可维护性成为一句空话。而当用户提出新的功能要求时，因已有的软件无恰当的嵌入点或接口而只能被丢弃，所有功能重复开发，软件重用也成为了梦想。

（5）软件成本在计算机系统总成本中所占的比例逐年上升。随着硬件设备生产技术的成熟和制作能力的提高，硬件的性价比提高，成本逐渐下降，但软件是逻辑部件，且功能要求各不相同，不能像硬件那样批量生产，也不能简单复制，生产效率远不能满足用户要求，制作水平也大大落后于硬件。技术的更新和开发工具的研究都需要经费的支持，但实际工作中因重视程度不够，发展受到制约。图 1.1 反映的是 20 世纪 80 年代中期以前软硬件成本变化的大致状况。

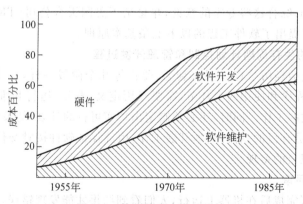

图 1.1 软硬件成本变化趋势

软件危机问题的日益严重和扩大化，引发了国际范围的重视。1968 年，在北大西洋公约组织（简称 NATO）召开的计算机国际会议上，针对软件危机和软件的发展展开研究讨论。纵观上述危机的种种表现，专家们总结出根本原因来自于两方面：一方面是软件自身，即它是逻辑部件而非物理部件的特性，另一方面是对软件开发与维护在认识和处理方法上的错误。会议最终通过决议,作坊式的软件制作方式必须改变,软件生产应依赖于科学的原理和思想,必须采取工程化的方法,并首次正式提出了软件工程的概念。

1.2.2　软件工程的原理

软件工程不仅是一个概念或名词,提出它的主要目的旨在彻底消除软件危机,改变软件开发领域混乱、随意的局面,使其走上严谨、规范而又科学的道路。

到目前为止,对于软件工程的定义并不唯一,主要有以下几个:

- 为了积极地获得可靠的且能在机器上有效运行的软件而建立和使用的完善的工程原理(1968 年 NATO 给出的定义)。
- 软件工程是把系统的、规范的、可度量的方法应用于软件开发、运行和维护过程(1993 年 IEEE 给出的定义)。
- 软件工程是软件开发、运行、维护和引退的系统方法(GB/T 11457—1995《软件工程术语》给出的定义)。
- 软件工程是以工程的形式运用计算机科学和数学原理,从而经济有效地解决软件问题(卡耐基·梅隆大学软件工程研究所自定义)。
- 采用工程化的概念、原理、技术和方法来计划、开发、维护和管理软件,把经过实践检验注明是正确的管理技术与最佳的技术方法相结合,以经济地获得在计算机上运行的可靠软件的一系列方法。

上述定义虽然有一定的差异,但根本内容是一致的。软件工程的提出,为软件业引发了一场革命,在软件发展史上具有里程碑的重要意义。软件工程是工程技术、工程管理与工程经济等诸多内容的融合,还涉及数学和心理学等学科领域的知识,已经成为指导人们进行计算机软件开发和维护的一门工程学科。而且,随着对软件工程研究的不断深入,专家学者们陆续提出了许多关于软件工程的准则或信条。美国著名的软件工程专家巴利·玻姆(Barry Boehm)综合这些专家的意见,并总结了美国天合公司(TRW)多年的软件开发经验,于 1983 年提出了软件工程的以下七条基本原理。

1. 用分阶段的生存周期计划控制和管理开发过程

如同人的一生会经历孕育、生长、衰老、死亡等几个阶段一样,一个软件也具有生命期,但并非只是编程序和使用两个环节,需要经历定义、开发、运行和维护几个时期,每个时期完成不同性质的工作。同时,还必须制定出切实可行的计划,约束各阶段任务的有序进行,也使各级人员有目的、有计划地开展工作,由此保证软件按时交付用户,避免软件危机笼罩时期延迟现象的重现。

2. 坚持阶段评审

通常程序编写完成后在机器上运行,人们看到结果才能发现错误,所以即认为错误是编码造成的。但大量的事实证明,错误并非是编程阶段才产生,更多是因前期计划不周或工作失误造成的,其错误量约占 63%;单纯编码错误仅占软件错误总量的 37%,而且有一些还是因错误的放大效应造成的。所以必须加强阶段审查,使错误得到及早的发现、修改和控制,保证软件的质量。

3. 实行严格的产品控制

对于软件开发人员而言,需求变更是非常令人反感和忌讳的,因为一个简单需求的变化,会引发一系列的影响,由此付出极大的代价。然而,实际项目开发中,因用户方环境变化、机构调整以及发展战略的转变,需求变更又是很难避免的。因此,为了保证一致性,只能且必须利用有效、科学的控制手段与技术策略对产品实行严格的监控,即便需求变更,其他阶段的成果也会随之变化。

4. 采用现代程序设计技术

软件工程的提出,并没有放弃或降低对程序的要求,反而主张和促进各种新的程序设计技术不断被研究并投入使用,如 20 世纪 60 年代末推出的结构化程序设计技术是最为经典和成熟的,后期的面向对象程序设计技术以及面向方面开发技术等也在逐渐被技术人员接受和使用。古语说的好,"工欲善其事,必先利其器。"只有采用先进的技术,才能够提高开发效率,确保软件的质量。

5. 开发小组的人员应少而精

开发小组成员的素质与能力对软件开发有直接的影响,而且开发队伍过于庞大,并不一定能够提高开发效率,反而使人员之间的交流、协调会变得繁琐,开销增大。所以必须合理安排和调配开发团队,小组成员要少而精。

6. 明确责任,规范审查机制

因软件是非实物化的逻辑部件,软件开发的进度虽然有计划约束,但对成果的评价和度量准则并不完善和全面,使管理工作难于开展。为了提高开发过程的可见性,加强管理,必须规定开发小组的责任和产品标准,确保工作成果能够得到规范的审查。

7. 承认不断改进软件工程实践的必要性

相比其他工程学科和经济管理等,软件工程还处于发展阶段,技术、工具等都处于探索、研究之中。为了保证软件开发的过程能够跟上技术进步的要求,以便充分发挥硬件的高性能,需要不断采用新的软件开发技术,并及时总结经验教训。

有专业知识做基础,以业务过程为导向,遵循上述原理,将能够开发出高质量的软件。

1.2.3　软件工程的目标

鉴于工程化的思想最为突出的特点是对任务实行预先的缜密筹划、实现过程的完整监控和最终成果的严格验收,软件工程实施的目标总体讲就是运用先进的软件开发技术和管理方法,在最短时间内开发出高质量的软件产品,为企业和社会创造最好的效益,并逐步实现软件的工业化生产。具体目标主要包括以下几点:

(1) 最大程度地降低开发成本和维护费用。

(2) 能够按照预定计划完成整体开发任务,及时交付用户使用。

(3) 交付的产品能够全面满足用户的需要,实现用户预期的设想。

(4) 软件具有良好的性能。

(5) 软件的可靠性能够得到最大程度的保证和提高。

(6) 软件能够易于使用和移植。

在实际项目开发中，上述各项目标若全面实现是有一定的困难的，因为目标之间存在某种程度的冲突。例如，高质量的软件需要认真地分析、考虑，精雕细琢有时会使研发时间拉长，导致产品交付延期；而为了赶进度或减少成本投入，软件产品的质量又难以保证，势必会给后期运行和维护埋下隐患，使维护工作变得繁重且艰难，极大地影响软件的使用。因此，要想使开发工作获得理想的结果，需要负责人根据项目的特点、资金状况和人员水平等，选择一些最为必要的且能够达到的目标为基本出发点，其他的则适当满足即可。

1.3　软件开发方法

在软件工程领域，通常把软件开发过程中使用的一套技术的集合称为方法学（methodology），也称为范型（paradigm）。主要包括方法、工具和过程等 3 个要素。方法是为建造软件产品提供技术上的解决方法；工具是为方法的运用提供自动的或半自动的软件支撑环境；过程则是为了获得高质量的软件所需要完成的一系列任务的框架，规定了完成各项任务的工作步骤。

随着软件工程概念的提出，人们一直在致力于软件方法学的研究，其中涉及具体的技术思想、开发方法和开发工具的探寻和推广，其目的是使软件开发走入正轨，开发的思路、过程和成果描述趋于规范化，且简捷、统一。目前使用最广泛同时也是经典的方法主要是结构化方法、原型化方法、面向对象方法和敏捷开发。

1.3.1　结构化方法

结构化方法是在结构化程序设计语言广泛应用的基础上形成和推出的，广泛盛行于 20 世纪 70 年代至 80 年代，是历史最悠久、最成熟的软件范型研究成果。因其完整体现了软件生存周期所定义的开发过程，所以通常又称为生存周期方法。该方法强调自顶向下、逐步求精的思想，将软件开发明确划分为分析、设计、编码等几个阶段，且要顺序完成每个阶段的任务，这些任务既相互独立，彼此间也存在密切的联系。所谓独立，是指各阶段的工作内容完全不同，成果的评审标准也不同；联系则是指前一个阶段工作成果评审通过是下一个阶段开始的标志，成果也是下一个阶段工作的重要参考资料，文档的审核通过是开发进程推进的唯一动力。所有工作都是以用户需求为出发点，首先抽象概括出系统的功能，再映射成模块，以模块的形式描述系统的物理组成，确定各模块的实现算法，进而逐一实现这些功能模块。

结构化方法主要由结构化分析（Structure Analysis，SA）、结构化设计（Structure Design，SD）和结构化程序设计（Structure Programming，SP）等 3 个主要环节组成。

（1）结构化分析的核心工作是获得用户需求并进行分析，抽象出系统的逻辑功能，并以数据流程图为工具构建逻辑模型，同时对系统中涉及的基本数据和组织结构进行全面描述。数据流程图的基本形式如图 1.2 所示。

补充说明：图 1.2 中出现的符号来自于两套标准，不可混合使用。建议采用图 1.2(b)的形式完成项目逻辑模型的构建（本书中所有举例全部采用此形式）。

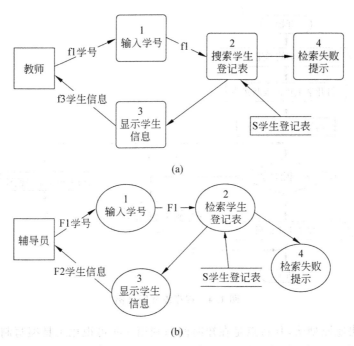

图 1.2　数据流程图样例

（2）结构化设计的核心工作是以模块的形式构建系统的物理结构，并利用模块结构图体现系统整体结构，利用程序流程图或伪代码等工具描述重要模块的内部实现过程和算法。模块结构图如图 1.3 所示，程序流程图如图 1.4 所示。

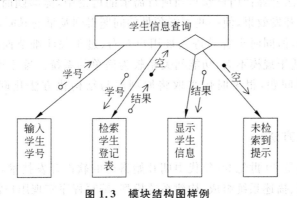

图 1.3　模块结构图样例

（3）结构化程序设计的核心工作是用结构化程序设计语言编写程序代码，而且任何程序均由顺序、选择和循环 3 种基本结构组成。

1.3.2　原型化方法

结构化方法的运用需要用户需求保持一定的稳定性，这在实际项目开发中是很难保证的。用户在程序编写之前很难提出十分全面的考虑和设想，只有看到真实效果后才会提出问题，导致需求变化甚至推翻之前的设计方案。原型化方法则是针对这一问题而提

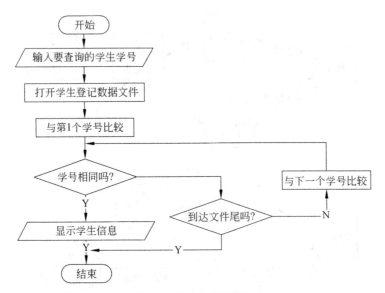

图 1.4　程序流程图样例

出的,也称为快速原型法,其特点是在短时间内利用一些可视化工具编写制作出不同形式的原型,方便用户试用和体验,并了解目标系统的概貌。所谓的原型,即是体现项目功能框架和内容的可执行程序,一般分为初始原型、实验原型和目标系统。通过演示不同版本和形式的原型,用户可以获得感性认识,进而提出实质性的意见,从而使项目需求逐步得到完善。

　　运用原型化方法能够让用户参与到项目需求的讨论中,能够随时通过原型化的实物体现出用户需求及开发效果,使一些不能预见的问题得到及早的暴露,一定程度地避免了结构化方法的弊端,但同时也容易进入被用户左右、过于关注细节而缺乏全局考虑的境地。因此,该方法适于规模不大、功能间关系较为简单的系统。鉴于原型的优势,也为了避免结构化方法的问题,很多时候采取将原型法与结构化方法化联合起来,用于项目开发。

1.3.3　面向对象方法

　　面向对象方法是 20 世纪 90 年代中期开始盛行的软件开发技术,源于面向对象程序设计。在分析问题、描述系统组成、构建系统模型、编写程序实现用户需要的功能等方面,与结构化方法完全不同。该技术延续了人类认识问题和解决问题的思维方式,提倡根据个体归特征抽象出群体,以类、对象、方法、消息、消息传递等概念为主导,强调系统由类组成,每个类内部既包含静态数据,也包括可执行的动态操作,具有抽象性、封装性、继承性、多态性和对象唯一性等特性。下列公式清楚地反映了面向对象方法的构成。

面向对象方法＝类＋对象＋继承＋消息和消息传递

　　面向对象方法主要由面向对象分析(Object Oriented Analysis,OOA)、面向对象设计(Object Oriented Design,OOD)、面向对象程序设计(Object Oriented Programming,OOP)和面向对象测试(Object Oriented Test,OOT)等 4 个环节组成。通过面向对象分

析,能够实现对现实世界的抽象,构建出对象模型、动态模型和功能模型;面向对象设计则是将向对象分析的结果转化为符合成本要求和质量要求的实现方案。面向对象程序设计是基于面向对象语言的,程序通过类机制实现对数据和操作的封装,通过对象实现对数据的更新,而且通过类继承实现程序复用和操作的动态变化,开发效率极大提高。

目前,面向对象技术因其人性化的设计特色,已经成为软件领域的主流技术。特别是统一建模语言 UML 的推出,使面向对象建模实现了统一性和规范化,而且根据模型可以直接转换和构造出程序基本框架,实现了系统分析、系统设计和程序编写的一体化和完整化处理。在 UML 中提供了多种视图,图 1.5 所示的用例图、图 1.6 所示的类图即 UML 典型的视图模型。

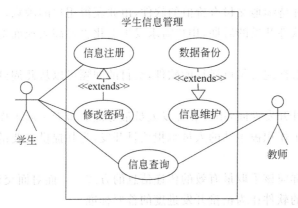

图 1.5 用例图样例

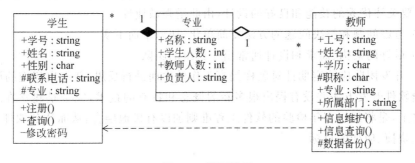

图 1.6 类图样例

1.3.4 敏捷开发方法

用于经济发展和社会大环境的影响,用户单位在发展规划、制定政策等方面也在不断变化,导致用户需求不断变更。为了高效地开发软件系统,提升软件开发应对需求变化的能力,自 20 世纪 90 年代末,一些软件领域的专家学者提出了一个快速开发软件的新方法——敏捷软件开发,它提供了一套与以往的开发方法(诸如结构化技术)完全不同的开发思想和策略,总体概括如下:

(1) 相比于过程和工具,每一个体人及其相互间的交互更加重要。

（2）相比于面面俱到的文档，能够正常运行的软件更加重要。

（3）相比于严肃紧张的合同谈判，客户合作更加重要。

（4）相比于严格遵循软件开发计划，响应用户需求的变化更加重要。

敏捷软件开发不仅追求过程简捷、高效，而且尤其重视与软件相关的所有人员的作用发挥及交流合作。提倡以人为本，过程可持续开发。各方面人员之间交流的深度与广度直接影响团队的整体开发水平和成果的开发成败；简捷、精练的文档必须编写，但不必追求十分细致和面面俱到；开发计划不必过于周密、长远，需要保留一定的灵活性和发展空间。为此，敏捷软件开发方法对欲采用此方法进行开发的人们提出了下列12条指导原则：

（1）应该尽早并持续地交付有价值的软件，由此获得用户的满意。

（2）即使到了软件开发的后期，用户需求发生变化也要高兴地面对，并能够尽快应对处理。

（3）要能够经常性地交付可运行的软件，交付的间隔可以从几周到几个月，时间间隔越短越好。

（4）在整个软件开发期间，用户和开发人员最好能够每天一起工作。

（5）选择一些工作积极主动的人员承担项目开发，为其提供需要的环境和支持，并充分信任他们。

（6）在团队内部应该采取最有效的传递信息的方式——面对面交谈。

（7）以可运行的软件作为衡量开发进度的首要标准。

（8）为保证可持续开发，出资方、开发方和用户应保持长期、恒定的开发速度。

（9）要关注优秀的技能和良好的设计，由此增强敏捷性。

（10）考虑问题和解决问题的方法要简单化，切忌华而不实。

（11）最好的架构、需求和设计通常出于自组的团队。

（12）开发团队应该定期针对怎样提高工作效率而进行反思，并做出相应的调整。

敏捷软件开发方法并没有提出很多新的概念和特有的技术，完全是建立在之前的那些技术之上，是将经过多年检验的软件工程准则加以有机地融合，从而达到软件开发的小巧、简单、快捷、应变的目标。

1.4　软件工程师的职业道德与素质

21世纪是信息技术高度发达、各种软件层出不穷且无所不在的年代，软件人才的需求量越来越大，但对于优秀软件工程师的要求也是越来越高。据前所述大家已经知道，程序并不是软件，只是软件的组成要素之一。如果将完成程序代码编写的人员称之为程序员，那么软件工程师（software engineer）则是从事软件开发相关工作的人员的统称，内涵非常广义，是从事软件职业的一种能力认证，包括软件设计人员、软件工程管理人员和程序员等一系列岗位，其工作内容不仅包含软件开发技术，而且涉及项目进程、经费使用和人员管理。作为一名程序员，需要熟悉开发语言、开发工具或平台，能够正确理解给定的设计方案（文档），并根据要求编写源程序，要具有逻辑思维和规范的代码书写能力。而软件工程师则首先应该是一名合格的程序员,抑或有丰富编码经验的优秀程序员,同时还需要有全面的分析问题、解决问题的能力及严谨、细致的工作作风。

美国 IEEE 下属的 CS/ACM 组织曾经制定和提出了"软件工程师道德和职业行为规范"(Software Engineering Code of Ethics And Professional Practice),现已成为国际上评判软件工程师职业行为的基本标准。该规范的核心思想就是软件工程师不应以自我意识为中心,且不能满足已有的技术水平与现状。应该具备的素质修养和职业行为可以归纳为以下几点:

(1) 应当以公众利益为目标。

(2) 应最大限度地满足客户和雇主的最高利益。

(3) 应确保产品符合最高专业标准。

(4) 应当具有和维护职业判断的完整性和独立性。

(5) 应当终生参与职业实践与学习,不断提高符合职业道德的实践能力和开发思想。

(6) 同行之间应平等、互助,且互相支持。

(7) 在保持公众利益的原则之下,努力做到诚信。

(8) 开发和维护软件的过程中应该符合基本的道德规范。

作为一名合格的软件工程师,不仅要具备基本的技术能力,还应该具有正确的人生观和道德意识,要有高度的责任心、规范化和标准化的意识,有相互协作的团队精神和沟通能力,能够正确对待和理解客户需求,善于接受他人的意见和建议,对开发成果要自觉形成保密意识,合理、守法地使用开发工具和平台,与时俱进,不断开拓创新,以满足企业发展和社会的需要。

本 章 小 结

程序是用计算机语言描述的、能够被计算机内部所包含的各种硬件元器件识别和处理的指令(或语句)序列。软件是计算机程序、方法与规则、相关的文档资料以及在计算机上运行时需要的数据的集合。软件属于逻辑部件,开发过程复杂,与硬件相比,具有无磨损、无老化、无形态等特性。软件可以按功能、工作方式或按规模等不同形式划分为多种类型。

软件工程是为消除软件危机而提出的全新的开发思想,在软件发展史上具有里程碑的重要意义,融合了工程技术、工程管理与工程经济等及数学和心理学等学科领域的知识,成为指导人们进行计算机软件开发和维护的一门工程学科。

软件工程基本原理明确、实用,强调对任务的筹划、对实现过程的监控和最终成果的验收,且先后提出了结构化方法、原型化方法、面向对象方法和敏捷开发等多种方法,每种方法各有其优势和问题,适用状况也存在差异,如结构化方法适用于需求相对固定且明确的软件开发,原型化方法适于规模不大的软件,面向对象则突出了人性化,敏捷开发则需要有一定的经验作基础。各种方法可以适当结合运用,有利于保证软件开发成功、高效地进行。

软件工程师是从事软件开发相关工作的人员的统称,涵盖软件设计人员、软件工程管理人员和程序员等一系列岗位。要成为一名优秀的软件工程师,编写代码通常是训练的起始阶段,需要不断地在技术上、思想上以及道德观等方面进行提高和完善。

习　题

1. 说明程序、软件、硬件和软件工程之间的关系。

2. 软件分为哪几类? 回想你曾经使用过的一些软件,分析它们的类型特征。

3. 为什么说软件危机是软件工程提出的导火索?

4. 软件工程的提出对软件开发有何重要意义和影响?

5. 简述软件工程的基本原理。

6. 简述软件文档在软件开发中的作用。

7. 采用敏捷开发方法需要注意哪些问题?

8. 广泛查找资料,说明目前最常用的软件开发方法有哪些? 并列举出几个成功的典型案例。

9. 如果你所在学校或单位有 OA(办公自动化)系统或网站,请进去后查看有无相关用户手册或操作说明,了解其具体内容,并依据你的感受,进行调整补充。

10. 如何理解程序员与软件工程师的关系?

11. 软件工程师的基本素质一般应该包含哪些内容?

第 2 章

软件生存周期模型

提出软件工程的主要目的是明确软件开发要遵循工程化的思想,即开发之前要做好翔实具体的准备、开发过程中要严格按照预定的要求执行并予以监控管理,保证软件质量,以便交付后能够为用户提供全面的、高质量的服务,从而使软件的使用寿命得以延续。本章将对软件生存周期的划分、各阶段的主要任务以及几个体现生存周期思想的典型开发模型进行详细介绍。

本章要点:
- 软件生存周期的概念及组成;
- 典型的软件生存周期模型。

2.1 软件生存周期及其组成

2.1.1 软件生存周期的概念和提出的意义

为了使软件质量最大程度地得到保障,对软件产品的生产过程进行全面监控,软件工程中提出了**软件生存周期**(software life cycle)的概念,具体定义为:软件从提出需求进行策划开始,直到软件被停止使用或废弃为止的全过程。软件生存周期也称为软件生命周期,其核心是将软件开发过程划分为不同的阶段,每个阶段具有不同的任务,由不同的角色分别完成,每个阶段将产生各自的成果,并且成果必须被严格审核。

从软件开发本身而言,其规模的不断扩大和复杂度的提升,使得单独一人无法胜任,需要团队成员的分工合作,相互之间必须有良好的交接途径、规则和任务完成的成果。从用户角度而言,当前计算机已经成为人们工作和生活中不可缺少的工具,能够提供丰富多彩的服务,也带来了极大的便利和快乐。但是,一个软件产品随着用户环境、条件和要求的变化,不可能永远适用,特别是最近几年,各种娱乐软件(如游戏、视频播放等)、杀毒软件、电商软件和交友联系软件(如微信、QQ 等)的不断推出,对人们产生了极大的诱惑,将旧版或过时的软件卸载,安装上最新的、功能更强的和流行的软件,仿佛这样才是与时俱进,才会避免落伍,于是导致一些原本运行良好的软件的使用期即(生存周期)提前结束。

软件生存周期是对软件生命过程的工程标准说明,也是软件开发、运行和维护的过程框架描述。软件生存周期的提出,不仅使软件的开发得到严格的控制和管理,促进了软件开发工作的规范化,同时也促进了软件的发展和进步。

2.1.2 软件生存周期的划分与组成

按照软件工程的思想和基本原理，软件生存周期总体划分为 3 个时期：软件定义时期、软件开发时期和软件运行时期，每个时期均由若干工作阶段组成，具体组成如图 2.1 所示。

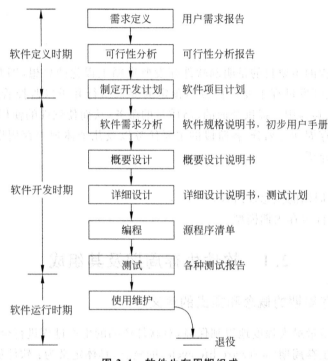

图 2.1 软件生存周期组成

1. 软件定义时期

该时期也称为软件计划时期，主要完成软件开发前期的筹备与策划，包含需求定义、可行性分析与开发计划制订 3 个阶段。

（1）需求定义也称为问题定义，主要进行市场调研，获取用户对即将开发的项目的基本需求，明确相关的用户角色，了解各类用户的工作范围与一般工作流程，需要计算机帮助解决的问题。需要提交的文档为《用户需求报告》。

（2）可行性分析也称为可行性研究，目的是用最小的代价在尽可能短的时间内确定项目是否值得开发和能否成功开发。主要针对市场调研获得的基本需求和用户特点从技术、经济、操作和社会与法律的可行性等方面进行全面分析，以确保未来项目开发有可行的技术方案，在经济上能够获得较高的效益，同时既适应用户的环境要求，也符合国家相关法律法规的要求。需要提交的文档为《可行性分析报告》。

（3）开发项目计划制定是在明确了项目有可行的方案且值得开发以后进行的一项工作，目的是保证后续开发工作能够有序进行，并且能够按期完成。需要提交的文档为《软件项目计划》。

2. 软件开发时期

该时期主要完成软件项目的具体研发,产生可以交付用户使用的成果,由需求分析、系统设计、编码和测试等阶段组成。

(1)需求分析也称为系统分析,核心任务是回答"软件做什么",主要工作是确定软件系统具备的基本功能,将来通过运行各功能,可以为用户解决某一方面的问题。它是一个对用户的需求进行去粗取精、去伪存真、正确理解,并用特定的文档形式进行表达的过程。本阶段需要提交的文档为《需求规格说明书》。

(2)软件设计的核心任务是确定"软件怎么做",主要工作就是将软件分解成独立但彼此间又存在一定联系的功能模块,明确各模块的内部结构与流程,同时确定系统内部的数据及其组织方式与具体结构。

系统设计通常分为概要设计和详细设计两个阶段。概要设计就是结构设计,也称为总体设计,其主要目标就是给出软件的模块结构,确定模块间的连接方式,需要提交的文档为《概要设计说明书》。详细设计的主要任务就是设计模块的执行流程、确定功能实现中使用的算法和数据的物理结构、设计和搭建数据库,需要提交的文档为《详细设计说明书》和《测试计划》。

(3)编程是把软件设计结果转换成计算机可以接受的程序代码的过程,即写成以某一计算机程序设计语言表示的"源程序清单"。编写出的程序必须与设计方案保持一致,体现模块的执行流程和算法。

(4)测试是软件开发时期的最后一项工作,也是将软件交付用户使用前的最终检查与审核阶段。软件测试的最根本目的是以较小的代价发现尽可能多的错误,通过对这些错误进行修改,保证软件的质量和可靠性。该阶段需要编写的文档主要是《测试用例设计书》和《测试报告》。

3. 软件运行时期

该时期主要是将软件交付用户实际使用,并对在使用过程中发现的错误、功能上的漏洞以及用户提出的调整要求进行修改和补充,即软件维护。这是软件生存周期中最后的一个时期,也应该是最长的。

通过以上所述充分反映出,软件生存周期各阶段的工作是不可或缺和不可替代的,开发过程阶段化,使整体任务被拆分,为开发组成员分工协作奠定了基础,各阶段的任务相对集中且任务量减少,开发的难度和复杂度大大降低,对软件产品质量的提高提供了最大的保证。另外还要补充说明的是,大量经验数据统计的结果是,系统分析与系统设计的工作量一般为软件开发时期的 40% 左右,而软件测试的工作量也接近 40%,所以,在着手编写程序之前,认真研究和确定系统方案是软件成功的前提和基础。

2.2 软件开发模型

由于任何软件都有其特殊的要求,这既涉及功能上也涉及运行效果方面,再加之规模不同,所以采用的开发方法以及开发过程中侧重点都会有一定的差异,没有一个通用的、适合所有项目的开发模式。因此,针对不同情况、特点和要求,选择适当的方法,按照合理的过程顺序完成开发工作，是十分必要的。软件开发模型即是基于软件生存周期的基本理论，对软件过程实施的一种抽象表示，大体上分为3种类型：第1种是以软件需求完全确定为前提的模型；第2种是在初期只能提供基本需求，后续需要不断补充完善的渐进式模型；第3种是以形式化开法方法为基础的变换模型。下面将分别介绍瀑布模型、快速原型模型、增量模型、螺旋模型和喷泉模型。

2.2.1 瀑布模型

瀑布模型（waterfall model）是1970年由 W. Royce 推出的，20世纪80年代中期以前一直被广泛使用，由需求定义、可行性研究、需求分析、系统设计、编码、测试、运行维护等阶段组成，完全体现了软件生存周期理念，故也称为生存周期模型，如图2.2所示。

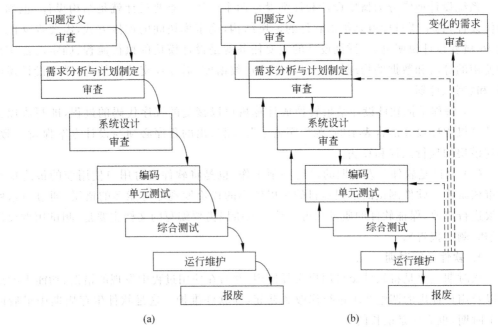

图 2.2　瀑布模型

其中图2.2(a)是传统的瀑布模型，具有以下的特点：

（1）各阶段呈线性化，顺序执行不可逆。只有一个阶段的工作结束，下一个阶段才能开启，且工作成果通过验证和审核是阶段结束的唯一标志，使开发团队的工作得到规范化的约束与管理。

（2）程序推迟实现。在做好细致的需求分析、系统方案设计工作以后，才能开始编码，从而避免因考虑不周而造成功能实现大量返工的情况出现。大量的实践证明，过早编码会带来无穷的麻烦，甚至是灾难性的后果。

（3）文档驱动式的推进方式。前一个阶段的输出文档是下一个阶段的输入文档。文档是相邻两个阶段的连接桥梁和工具，也是阶段工作顺利进行的主要参考资料。

然而，传统的瀑布模型在确保开发过程规范的同时，也存在明显的问题：不允许开发人员和用户对任务的描述和理解有丝毫的遗漏和错误,一旦因为前期哪个环节的问题没有被及时发现,错误会自然传递下去,最后集中在程序运行过程中爆发,这是不可逆造成的恶果。对此,提出了改进的瀑布模型,如图 2.2(b)所示,增加了成果返回修正的处理环节,使错误能够较及时地得到弥补。从图上不难看出,这种瀑布模型虽然增加了反馈环,但依然保持了文档驱动式的特点,所有内容都只是在纸上(文档)描述,用户无法感受实际效果,也就很难发现问题并提出恰当的修改意见,导致最终的产品用户满意度难以保证。

2.2.2　快速原型模型

快速原型模型(rapid prototype model)也称为演进模型,如图 2.3 所示,是基于原型方法提出的,具有以下优点:

(1) 能够在短时间内形成可以运行的成果;

(2) 通过实物让用户感受需求的执行情况;

(3) 产品的开发基本上是线性顺序进行;

(4) 以"原型"为基础构造的目标系统,偏离用户需求的几率极大减少,后期返工量也会随之减少。

原型的制作可以采取以下 3 种方式:

(1) 利用任何一台 PC 模拟目标系统的人机界面和交互方式;

(2) 开发一个工作原型,实现目标系统的重要功能和一些容易存在误解的功能;

(3) 给用户演示一些现有的与目标系统类似的软件或其中的部分功能。

快速原型的开发过程有两种类型:

(1) 演进开发。向用户展示原型,征求他们的意见,再不断改进原型,经过如此反复,

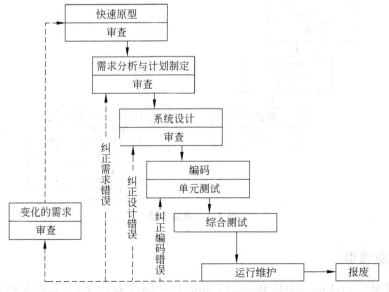

图 2.3　快速原型模型

逐步演化出目标系统；

（2）废弃原型。给用户展示的原型是作为实验品，仅仅利用它确定用户的真正需求，为开发目标系统作参考，而不是将它扩充完善。此类原型没有保留价值，只要需求确定了，即被废掉。

2.2.3 增量模型

1980年由 Mills 等人提出的增量模型（Incremental Model）也称为渐增模型，如图2.4所示，该模型是基于构件的概念。所谓构件是指由多个相互作用的模块组成、能够完成特定功能且可以独立配置的单元。增量模型突出特点是将软件系统作为一系列的增量构件来设计、编码、集成和测试，灵活性极强。每一个构件的内容不断填充和递增，实现的功能逐渐完善，与基本需求不断接近和一致化，其过程是完全迭代式的。

增量模型具有以下优点：

（1）能够在短时间内交付给用户一个相对完整的且可直接使用的产品。

（2）产品的功能逐步增加，使用户可以有充足的时间学习和体会新产品。

（3）增量构件是按照优先级开发和交付的，所以最重要的服务能够得到多次测试，质量完全有保证。

（4）项目失败的风险较低。

由此可以看出，增量模型将集瀑布模型与快速原型模型的优势于一体，适用于软件需求不是十分明确、设计方案有一定风险的软件项目。但采用该模型时需要特别注意：软件体系结构必须是开放的，保证新构件增量加入的过程简单方便，而且在把新构件集成到已有软件体系结构中时不能破坏原已开发出的产品。其次，构件的规模不易过大，而且在把新构件集成到已有软件中时所形成的新产品必须是可测试的。

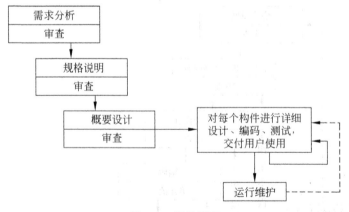

图2.4 增量模型

2.2.4 螺旋模型

螺旋模型（spiral model）是 Barry Boehm 于1988年提出来的，与增量模型的相似之处是将瀑布模型与快速原型模型相结合，但不同的是加入了风险分析，这也是其他几种模型中忽略的。软件风险在任何软件项目中都存在,软件越复杂、规模越大,潜在的风险越大。而这些风险对软件开发过程和质量都具有很大的威胁和损害,因此及时识别和分析风险,采取适当的措施消除风险是十分必要的。如图 2.5 所示,螺旋模型由 4 个方面(象限)的活动组成:

(1) 设定目标:确定软件目标,选择实施方案,搞清楚项目开发的限制条件。

(2) 风险分析:分析所选方案及存在的风险,考虑弱化和消除风险的方法与步骤。

(3) 工程实现:按照所选方案进行实际开发,并对成果进行验证。

(4) 制订计划:评价当前的开发工作,提出修正意见,确定下一阶段的计划。

沿螺旋线由内向外每转一圈即完成一次迭代,一个新的软件版本即产生。每一次迭代都是以需求和约束条件为出发点,在开展风险分析之后,即进行项目实现,通过对结果的分析验证,决定下一步的计划。由此充分体现了软件生存周期的系统的、分阶段地进行软件开发以及开发-评审并行的理念,同时强调风险分析的重要性。所以螺旋模型的使用,不但有助于降低开发风险,提高软件质量,弥补其他模型因测试不足带来的危害,而且还提高了已有软件的重用性。

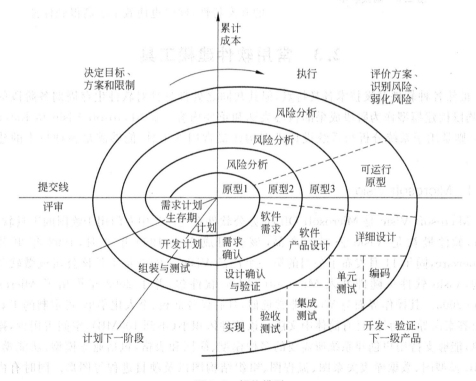

图 2.5　螺旋模型

2.2.5　喷泉模型

以迭代的方式完成软件项目,因具有效率高、重用性强等突出的优势,已经成为软件领域普遍采用的方法,而且在上述介绍的快速原型模型、增量模型和螺旋模型中已经有所

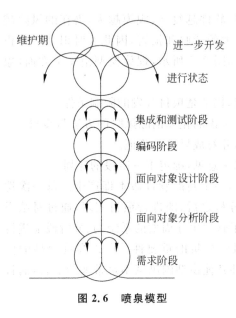

维护期
进一步开发
进行状态
集成和测试阶段
编码阶段
面向对象设计阶段
面向对象分析阶段
需求阶段

图 2.6　喷泉模型

体现。基于面向对象技术开发的软件,类是基本构件单元,其自身具有的封装性和继承性等特性,既为重用提供了基础,也是直接体现和应用。此外,迭代特性的实现既要保证过程有序,也要求前后的成果要完全一致且连接无间隙,而我们生活中经常见到的喷泉,完全符合这一要求。1990年 R. H. Sollers 和 J. M. Edwards 正式提出了喷泉模型,并且主要用于基于面向对象技术的软件开发中。

如图 2.6 所示的喷泉模型以用户需求作为源泉,向上喷涌的过程中不但经历了软件生存周期的分析、设计、实现等阶段,而且各相邻阶段内容有重叠,是并行开发与增量开发的联合运用,顺应了面向对象技术中分析与设计无明显界线的开发特性,同时也使效率提高得到保证。

2.3　常用软件建模工具

虽然各种软件开发技术各具特点,但其共同之处都是针对软件生存周期各阶段的工作,均以构建模型作为阶段成果的核心表达和重要内容。而 Microsoft Visio 和 Rational Rose 则是用于系统分析和系统设计模型构建最常用的工具,能够满足各种技术的建模要求。

2.3.1　Microsoft Visio

Microsoft Visio 是 Microsoft Office 办公软件系列产品中专门用于绘图的工具软件。Visio 软件最初是 Visio 公司的产品,该公司成立于 1990 年 9 月,1992 年更名为 Shapeware,同年 11 月发布了公司的第一个产品 Visio。2000 年 1 月该公司被微软公司收购,Visio 软件也随即并入 Microsoft Office 软件包,并于 2003 年推出了 Microsoft Visio 2003。其操作界面与 Word 非常近似,具有任务面板、个人化菜单、可定制的工具条以及答案向导帮助等,且有简体中文版。该软件体积小(不到 100MB),空间占用少,操作简单,能够支持用户创建系统所需要的多种模型、简图和表格,包括业务模型、功能模型、UML 模型图、数据库表关系图、流程图、组织结构图以及项目进程等图形。同时有内置自动更正功能和 Office 拼写检查器等,非常便于与 Office 系列产品中的其他程序共同工作,完全能够满足软件项目开发构建各种模型的需要,而且构建的图形可以通过复制嵌入到 Word 文档中,并在文档中通过双击打开编辑环境直接进行修改,简化了环境的切换操作。

在 Visio 2003 之后,微软公司对该软件一系列的调整和功能上的改进,先后推出了 Visio 2007、Visio 2010 等版本,目前最新的是 Visio 2016。

Visio 2007 在 2003 版的基础上进行了模型分类的重新规划,设定了常规类、流程图类、软件和数据库类、商务类和网络类等,如图 2.7 所示,更便于 IT 和商务专业人员就复杂信息、系统和流程进行可视化处理、分析和交流,并为进行各种业务决策提供依据。它有两个独立版本:Standard 2007 和 Professional 2007,两者的功能基本相同,但前者包含的功能和模板是后者的子集。除保留了 2003 版的基本功能以外,Professional 2007 提供了将图表与数据文件(数据表)进行关联集成(如可与 Excel 2007 电子表格、Access 2007 数据库关联)、可视化处理、所建图表可以保存为 PDF 文件等功能以及软件开发工具包(SDK),使得 Visio 图表创建更加轻松、数据时效性更强、外观更专业、所体现的效果更好。SDK 提供了一套可用于最常见的 Visio 2007 开发任务的可重用函数、类和过程,而且可以与多种开发语言(Visual Studio .NET 和 C++ 等)集成使用,例如能够将在 Visio 中构建的 UML 模型,通过工程的管理机制,直接转换为 Visual Studio. NET 的代码框架,其结果最大程度保证了程序代码与系统方案的一致性。

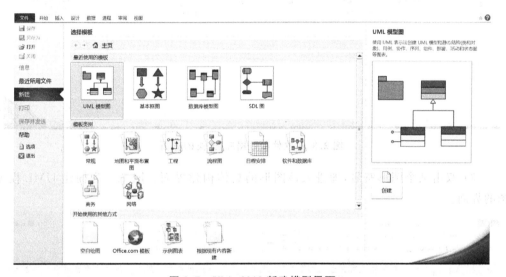

图 2.7　Visio 2010 新建模型界面

Visio 2010 与 2007 版相比,去掉了一些不常用的模板(如 Express-G、Jackson 和 ORM 图表),增加了一些业务流程描述模板(如 BPMN 图、SharePoint 工作流、Sigma 图表、日程表),用户体验增强,使得创建 Visio 图表更为简单、快捷,图表与基础数据的链接使图表更智能。

Visio 2013 则在创建更具有专业外观特色的图表方面有了极大的增强,更便于理解、记录数据,分析和描述系统的处理过程,例如,增加了 200 多个新图形符号;每个主题都有一个统一的色调,用户只需要轻松单击几个图形按钮就能批量对文件效果进行修改;工作区域更加简洁;工具条排列更加整齐、有条理,使用户更容易了解和选择。另外还增加了一个基于 XML 的文件格式(.vsdx),不需要额外的操作就能直接在网页上浏览文件。

无论使用 Visio 的哪个版本,若建立某个模型,其操作步骤和过程基本相同。下面以 Visio 2010 为例进行具体操作和页面的介绍。本书后续章节中介绍的模型和举例,基本上均是基于 Visio 2010 构建的。

（1）打开 Visio 软件，选择"文件"→"新建"，显示出所有模版分类和其中包含的模型分类的主界面，如图 2.7 所示。

（2）根据需要选择相应的分类，即进入下一级图形分类界面。图 2.8 为选择"软件和数据库"分类后进入的界面。

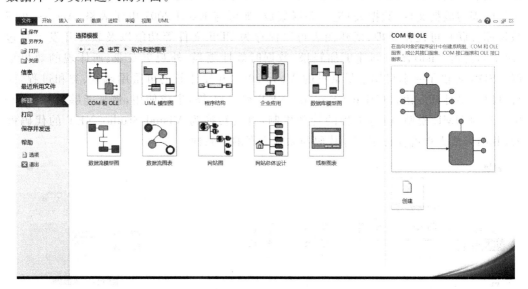

图 2.8　"软件和数据库"分类的界面

（3）双击某个图形符号，即进入该图形的具体构建界面。图 2.9 为构建 UML 模型图的界面。

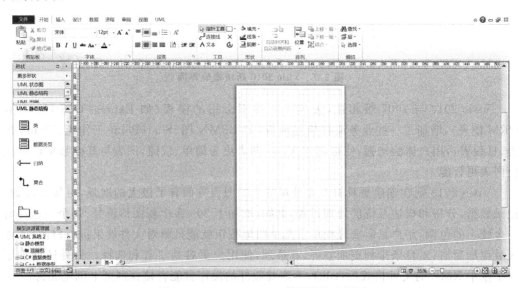

图 2.9　Visio 2010 UML 模型图构建页面

　　用鼠标选中需要的符号并拖动到构图区的适当位置放开,然后通过双击,即进入该符号所内容的具体定义界面。依次完成上述操作,即可构建完成一个完整的图形。

2.3.2　Rational Rose

　　Rational Rose 是曾经被称为全球最大的 CASE(计算机辅助软件工程)工具提供商 Rational 公司开发的拳头产品,用于面向对象的可视化建模,不仅能够支持软件生存周期各阶段所需模型的构建,而且建模过程界面清晰、友好。对于 UML 中的所有模型图,如用例图、类图、顺序图、协作图、活动图等,提供了完整的建模符号,并实现了模型之间、模型与程序代码的映射机制,使开发过程统一和迭代设计得到实际应用和体现。具体来讲,Rose 能够依据已有的模型推导、映射出另一个模型,也能够依据正向工程原理模型推导出程序框架,还能够将程序代码依据逆向工程原理抽象出模型。例如对象模型和数据模型之间即可进行正向、逆向工程的实施,且相互同步。此外,团队管理特性可以支持大型、复杂的项目,特别是成员较为分散的团队进行项目开发,使设计一致性能够得到保证。

　　Rational Rose 与微软公司的 Visual Studio 中 GUI 的完美结合所带来的方便性,使得它成为许多开发人员首选建模工具,可以与 Java、C++ 等开发语言无缝集成。

　　Rational Rose 因其功能和内部处理更加复杂,所以规模比 Visio 庞大。Rose 2007 在软件安装完成后,需要在安装 Rose 的文件夹下搜索到一个名为 license.upd 的文件,通过单击 Import 按钮进行该文件的激活导入,在提示导入成功后,即可正常进入 Rose 的主界面。图 2.10 是进入 Rose 2007 后的主页面截图。

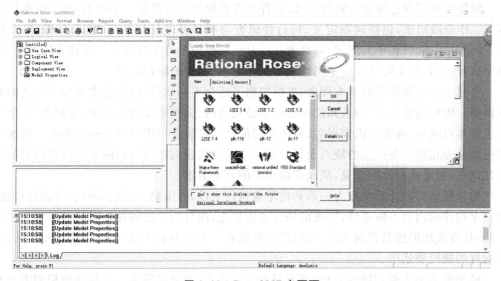

图 2.10　Rose 2007 主页面

　　由于在 Rose 中构建的 UML 模型与未来的开发环境和开发工具有密切的关系,直接影响程序框架结构,所以在上述页面中需要首先选择确定开发环境,单击 OK 按钮后,方能进入具体模型图的构建页面。图 2.11 是构建用例图的初始页面截图。

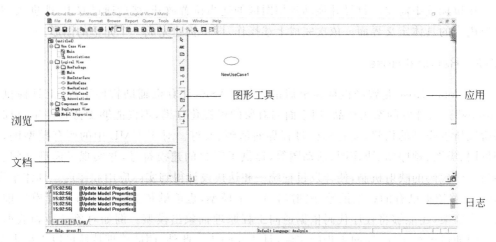

图 2.11　Rose 2007 构建用例图的初始页面

本 章 小 结

软件具有生命期。软件生存周期概念的提出，明确了为获得高质量软件产品所需要完成的一系列任务的框架，规定了完成各项任务的工作步骤，为软件开发工作的进行提供了科学、合理、规范的机制。

软件生存周期总体分为软件定义、软件开发和软件运行维护三个时期，每个时期均由若干工作阶段组成，包括问题定义、可行性研究与项目开发计划制订、需求分析、概要设计、详细设计、编码和单元测试、综合测试以及运行维护。每个阶段是一个独立的过程，要顺序执行，而且每个阶段完成不同性质的工作，提交相应的阶段成果。

遵照生存周期模型的基本理念，先后提出了适合不同软件规模、种类及技术方法的开发模型。历史最悠久、广为人知的瀑布模型是规范的、文档驱动式的方法，过程严谨，但因需求要相对固定，成果推出较滞后，最终交付的产品可能会与用户的目标有差距。快速原型模型是为克服瀑布模型的缺点而提出的。它采取快速构建可运行的原型向用户展示并让其试用，收集用户反馈意见，从而获取用户的真实需求。

增量模型将软件系统作为一系列的增量构件来设计、编码、集成和测试，灵活性极强，每一个构件的内容不断递增，实现的功能逐渐扩充，而且用户能够在短时间内得到和使用产品，投资成功的感受得到支持，失败的风险降低。但是该模型要求软件具有开放结构，且构件的规模要适中。

螺旋模型突出强调风险分析，开发过程为迭代式，使风险降低。但使用该模型需要开发人员具有风险分析和排除风险的经验及相关专业知识。

喷泉模型以用户需求为源泉，分析、设计和实现等阶段的实施存在重叠，实现了开发并行，顺应了面向对象技术中分析与设计无明显界线的开发特性，因此是典型的适合于面向对象技术的过程模型。

Visio 和 Rose 是目前进行软件项目建模的两种最常用的工具，适用于结构化方法和面向对象技术各种图形的绘制,占用空间小,操作简单且实用。

习　题

1. 什么是软件生存周期? 提出此概念对软件开发有何重要影响?
2. 软件生存周期的内部构成及划分原则是什么?
3. 如何理解过程迭代? 结合实际案例,说明它的优势与实用性。
4. 文档驱动式的开发过程有何优缺点?
5. 有人说瀑布模型太死板,应该彻底淘汰,对此你有何看法?
6. 快速原型模型是针对什么问题而提出的? 有何优点?
7. 仔细考虑,能否提出一种将瀑布模型和快速原型模型具体结合的软件开发模型?
8. 喷泉模型的突出特点是什么?
9. 通过查阅资料,了解目前常用的建模工具有哪些并给予简单介绍。
10. 下载并安装 Visio 2010 或以上版本,熟悉其构成和基本操作方法。

第 3 章

用户需求调研与可行性分析

用户需求调研与可行性分析是应用软件开发的开始,目的是确定一个项目是否可行。如何从用户那里获取对新软件的想法和要求,并非简单之事,调研的结果和质量在一定程度上也决定了一个软件的交付结果。各方面原因也会造成用户提出的需求不一定完全合理、正确,因此必须进行全面的分析。本章将介绍需求调研的一般方法,对用户需求如何进行可行性分析,以及对软件项目开发成本进行估算的方法。

本章要点:

- 用户需求调研的常用方法;
- 软件项目可行性分析;
- 业务流程的描述;
- 软件开发成本的估算;
- 软件成本/效益分析。

3.1　用户需求调研

3.1.1　关于需求

软件的需求是软件开发的基础。需求是一个软件项目的开端,一个项目成功的关键因素之一就是对需求的把握。项目的整体风险往往表现在需求不明确和业务流程不合理。

通俗地讲,用户需求就是用户的想法和要求,规范的定义是指用户在工作过程中希望通过某种技术或业务手段解决的问题及达到的目标。软件需求是指用户对软件的功能和性能要求,就是用户希望软件能做什么事情,完成什么样的功能,达到什么样的效果。软件人员要准确理解用户需求,进行细致的调查分析,将用户非形式化的需求陈述转化为完整的需求定义。

软件需求包括三个不同的层次:业务需求、用户需求、功能需求。

3.1.2　用户需求调研的必要性

软件以实用为目标,而实用就是要符合用户的实际需求。需求调研是指通过与用户进行沟通和交流而获取用户需求的一系列活动,并明确能够提供哪些基础数据、最终希望得到什么结果。若投入大量的人力、物力,财力和时间开发出的软件没人用或不符合用户需求,所有的投入都是徒劳和浪费。需求调研做得不深入、不具体,将造成项目底失败、进度拖延、成本增加、系统生存命周期缩短等后果,这不正是软件危机的重现吗?

在进行用户需求调研时,需要引导客户尽可能准确、完整地表达出他们心目中期待的软件系统应该具备的功能和性能等要求。需求调研是一个应用软件系统开发的开始阶段,其质量在一定程度上决定了一个软件的开发成败。怎样从用户中获得需求并能够准确理解,是调研人员的核心工作。需求调研就是了解参与实际工作的人们真正需要什么样的软件过程,获取准确、清晰、完整的用户需求信息。

范例 1:某软件企业通过竞标承接了一客户的"网络运维管理系统设计与开发"项目。客户在项目立项时,只是通过供应商对产品的宣传了解了网络运维管理的内容,但整个项目要达到什么目标,需要满足什么标准等并不十分明确。在项目启动后,软件企业也没有跟客户进行充分的沟通,直接参照成熟规范的 IT 运维管理系统进行开发和设计。按照 ITIL(IT Infrastructure Library)标准,将系统功能分为服务台、配置管理、事件管理、问题管理、发布管理和变更管理功能来实现。

但是在实施过程中,却出现以下问题:

(1) 按照规范的运维管理系统进行服务台设计,理论上符合 ITIL 标准,但在实际实施时因客户信息中心人员较少,每人都承担着大量的工作,不能全职去做服务台的工作。而服务台的实现是整个运维管理系统的基础,必须有全职的人员 24 小时进行值守。系统上线后,没有安排专职人员,导致系统运行无法实现。

(2) 由于用户对要完成的系统需求不明确,开发人员只按照自己的思路进行设计。

(3) 要完成网络运维管理系统的上线,需要集成网络监控系统、桌面管理系统和机房监控等系统,且要集成的系统需要开放接口,不同的系统对应不同的厂家。由于前期没有沟通,在开放接口时,不同厂家要收服务费,出现了接口开发费用超过"网络运维管理系统"整个项目的费用,导致项目无法实施。

还有其他一些问题,在此不一一列出,总之,最后完成的项目无法实施,项目的验收工作无法进行。造成这种后果的原因就是前期没有做好沟通和需求调研。

范例 2:某单位信息中心准备为企业采购一套办公自动化软件,并完成企业的网站开发。要求网站与办公自动化软件进行集成。某软件开发公司承接了此项目,由于预算费用较少,软件开发公司直接购买了一套小型办公自动化软件,与实现的网站进行集成。最后在系统实施过程中遇到了以下问题。

(1) 购买的小型办公自动化软件与网站集成过程中,因办公自动化软件内部的组织架构和权限角色无法适应单位的要求,也没有开放的接口用于实现数据共享,所以网站页面无法进行数据的正常输出显示。

(2) 客户提出对办公自动化软件中不符合实际情况的模块进行修改,删除不需要的模块,以免影响自己的操作选择等。这些需求都得不到满足,原自动化软件制作公司不会为了一个小的应用项目去修改代码。若要修改,必须交一大笔开发费。

还有很多其他问题,如界面风格、数据操作方式等,导致此项目最后也以失败告终,造成失败的主要原因是双方没有在项目立项前期进行详细的沟通和调研。若当时了解到用户的实际需求,同时结合项目预算与客户进行充分的沟通和分析研究,这样的后果是完全可以避免出现的。

3.1.3　需求调研方法

需求调研方法一般包括面谈法、问卷调查法、查阅资料法、实地观察法等。

1. 面谈法

面谈的形式包括个人面谈、集体面谈和管理人员面谈等3种。面谈前要进行充分的准备工作，过程中要有良好的态度，切忌先入为主，并在友好的氛围下获取用户真实的需求。首先由调研对象描述业务信息和需求信息，然后调研人员向调研对象提出事先准备好的问题，并记录访谈过程。访谈结束后，经过对访谈过程记录的整理和分析，得到用户的初步需求。

2. 问卷调查法

问卷调查法也称为书面调查法或填表法，是以书面形式间接搜集研究材料的一种调查手段。在获得客户项目负责人同意和支持后，通过向调查者发出简明扼要的问卷表，让调研对象根据实际业务填写问卷表，从而间接获得材料和信息。然后调研人员根据收集到问卷结果进行整理和分析，抽象出用户的需求。

3. 查阅资料法

根据项目的特点和目标，有选择地搜集与项目相关的资料，包括规章制度、规范指南、业务流程以及工作过程中填写和提交的数据表单等。将搜集到的资料进行整理、分析和提炼，得到用户的需求。

4. 实地观察法

实地观察法是通过感官，在实际场景中有目的、有计划地考察人、事物或某种现象的一种研究方法。采用实地观察法时，首先需要制定观察计划，明确目的和任务，确定观察时间和观察地点。其次，进入观察领域，熟悉观察环境，对调查对象的具体业务进行观察，参观调研对象的工作流程，观察调研对象在不同时刻或环节实施的操作，并采用合理的方法对观察结果进行记录。最后，根据观察收集到的信息，进行整理和分析，得到用户的需求。

在实际项目需求调研过程中，往往是多个方法结合使用。经常采用的方式是直接面谈的访问调查结合查阅资料法，根据实际需要辅之以问卷调查法和实地观察法。

3.1.4　调研内容和步骤

为确保需求调研工作的顺利开展，在需求调研实施前，应安排一系列的准备工作，加强团队管理和建设，保障调研工作的顺利进行。

3.1.4.1　调研准备阶段

1. 拟定需求调研计划

在需求调研范围和调研团队确定后，调研负责人需要预估调研工作量，做好分工，拟定需求调研计划并等候需求方负责人的认可。需求方负责人认可调研计划后，要负责安排相关部门人员配合需求调研的访谈的实施。需求调研计划主要内容如下：

（1）调研目的：其中包括项目调研目的、重要性和意义。

（2）调研范围：其中包括职能范围、业务范围和调研地点。

（3）采用的调研方式。

（4）调研进度安排。

（5）业务调研时间安排。

2. 编制调研活动使用的文档模版

调研记录表和用户需求记录单如表 3.1 和表 3.2 所示。

表 3.1　需求调研记录表

编号：

项目名称			
调研对象		调研时间	
调研地点		调研人	
参与人员			
调研内容			
需求提出人意见			

表 3.2　用户需求模板

编号：

项目名称				
功能名称		需求编号	需求等级	
功能用户		需求类别		
功能描述				
相关要求				
输入				
输出				
操作步骤				
约束条件				
相关附件				
备注				

下面对表3.2中几个项目加以说明。

功能名称：根据需求调研整理形成的功能模块名称。

需求等级：根据项目类型可分为"必须/可选"或"一般/紧急/重大"等。

功能用户：本功能模块涉及的用户范围。

相关附件：调研需求客户提供的相关文档和表格等。

3. 编制调研提纲

根据调研范围编制调研提纲，列出调研对象的基本情况、调研对象的预期目标及调研业务的功能需求和非功能性需求。在调研的过程中，调研人员可根据提纲引导用户提出需求，检查用户需求是否完整。

调研范围包括职能范围和业务范围，根据调研方式，确认需要完成的调研提纲并形成文档，以便在调研过程中更有针对性，提高调研的效率。

范例3：某医院客户管理中心要实现一个客户关系管理系统的建设。该客户管理中心没有任何信息化基础，日常工作方式就是几部电话和日常工作的登记表格。针对此特点，制定了如下的调研提纲。

（1）客户管理中心总体调研：

- 客户管理中心领导对客户关系管理软件的了解程度。
- 客户管理中心领导启动该项目最需要解决的问题及希望要达到的目标是什么？
- 客户管理中心的组织机构。

（2）客户管理中心调研：

- 客户管理中心部门的职能。客户管理中心处理的业务：如客户投诉、客户咨询、客户回访和VIP管理业等这些业务的具体任务是什么？
- 客户管理中心各业务的处理流程怎样？
- 业务工作中涉及的表单或文件资料有哪些？
- 目前业务处理过程中存在哪些问题？
- 对即将开发的客户关系管理系统有何期望？

（3）临床药师调研：

- 临床药师的职能。
- 临床药师处理的业务及处理流程。
- 业务处理过程中涉及的表单或文件资料。
- 临床药师业务工作中存在的问题。
- 对完成的客户管理系统的期望。

（4）疾病管理师调研：

- 疾病管理师的职能。
- 疾病管理师处理的业务及处理流程。
- 业务处理过程中涉及的表单及文件资料。
- 疾病管理师业务工作中存在的问题。
- 对完成的客户管理系统的期望。

　　（5）知识库的调研：

- 各业务部门在业务处理过程中需要查阅的知识。
- 客户咨询过程中涉及的知识。
- 系统涉及业务部门及人员涉及知识类型及内容。
- 对完成的知识库功能的期望。

　　（6）整体调研思路和方式：

- 调研的整体思路。
- 调研方式。

4. 调研背景知识培训

　　调研实施前需要向调研人员进行调研背景培训，介绍项目的主要目标、项目范围和重点工作，介绍调研对象的基本情况，培训调研对象的行业知识，学习调研对象使用的术语和标准，以便能够准确理解用户需求，提高调研人员的行业知识面。

3.1.4.2　需求调研实施阶段

　　调研小组按照需求调研计划的日程安排实施调研，且要依照"项目调研提纲"，按分工分别填写完成"调研记录表"和"用户需求"。调研小组要对调研结果及时总结，并同客户方负责人进行沟通，组织会议对调研内容进行确认，最后形成"用户需求调研总结报告"，提交给客户负责人。客户项目组对"用户需求调研总结报告"中的偏差和遗漏进行指正，达成一致共识后，客户进行签字确认。具体执行如下。

　　（1）根据用户调研计划中确认的调研方式实施，完成"调研记录表"和"用户需求"。调研内容应围绕用户和本行业业务现状及存在的问题，了解涵盖业务的组织结构及对应职责和权限、业务在部门之间如何流转、调研各项业务未来发展趋势以及非功能方面的需求。

　　（2）评估需求。鉴于用户提出的所有需求并非都是合理的、科学的、可实现的，这就需要调研人员在充分理解需求的基础上，对需求的合理性和可实现性进行评估，并将评估结果反馈给需求提出人，与需求提出人达成一致意见，尽早发现不合理需求，减少后期需求分析的复杂度和工作量。

3.1.4.3　文档形成阶段

　　根据需求调研过程中获取的"调研记录表""用户需求"及相关的表单、文档资料等形成用户需求说明，由客户方负责人或各业务部门进行确认，形成"用户需求报告"初稿。

3.1.4.4　文档提交阶段

　　此阶段为用户需求调研的里程碑阶段，确认并完善"用户需求报告"，双方认可后，客户方负责人在"用户需求报告"上进行确认签字。至此，用户需求调研工作结束，"用户需求报告"也作为软件项目后续开发工作进行的重要依据。

3.2　业　务　描　述

3.2.1　业务流程定义

　　业务流程是指为达到特定的价值目标而由不同的人分别共同完成的一系列活动。活动之间不仅有严格的先后顺序限定，而且活动的内容、方式、责任等也都必须有明确的安排和界定，以使得不同活动在不同岗位角色之间能够顺利转手和交接。各活动在时间和空间上的转移可以有较大的跨度。

迈克尔·哈默（Michael Hammer）与詹姆斯·钱皮（James A. Champy）对业务流程（Business Process）的定义为：我们定义某一组活动为一个业务流程，这组活动有一个或多个输入，输出一个或多个结果，这些结果对客户来说是一种增值。简而言之，业务流程是企业中一系列创造价值的活动的组合。

ISO9000 的定义为：业务流程是一组将输入转化为输出的相互关联或相互作用的活动。

业务流程对于企业的意义不仅仅在于对企业关键业务的一种描述，更在于对企业的业务运营有着指导意义，这种意义体现在对资源的优化、对企业组织机构的优化以及对管理制度的一系列改变。对于企业的高层管理人员来说，是一种赢利的模式；对于中层管理人员来说，是一种管理的思路和方式；对于一般业务人员来说，是一种操作规范和手册。流程制度可以起到强制性的作用，有利于企业降低运营成本，提高对市场需求的响应速度，争取利润的最大化。企业通过实施流程管理，能够确定企业的所有事务工作由谁做、怎么做以及如何做好的标准，从而使企业内部各部门、各岗位的职责更加清楚，责任更加分明，员工的潜能和积极性可以得到充分发挥，提高企业市场反应和竞争能力，提高企业整体运行效率和效益。

完成业务流程描述的基本思路如下：

* 调研分析，找出核心业务和主要活动点；
* 在流程描述中突现问题点；
* 理清流程层次；
* 搭建框架、列出清单、界定流程的范围和层次。

3.2.2 业务流程图

业务流程图（Transaction Flow Diagram，TFD）是描述系统内部各单位、人员之间业务关系、作业顺序和管理信息流向的图表，通过一些规定的符号及连线，体现某个具体业务处理过程的物理模型，是描述业务流程最常用的工具。利用业务流程图，可以帮助分析人员找出业务流程中的不合理流向。

业务流程图常用符号如表 3.3 所示。

表 3.3　业务流程图常用符号

符　号	名　称	说　明
▭	处理	改变数据值或对数据进行加工的部件
◇	判定	条件分析
▱	输入/输出	表示输入或输出数据
▢	开始/结束	表示开始点或结束点

符　号	名　　称	说　　明
→→→→	数据流	表示数据流动方向
▭	数据库	表示信息在系统内部的存储
▭	显示	显示终端,用于界面输出
▭	表单/文档	综合的输出结果
▭	手工输入	人工完成的处理
▭	数据	人工书写记录的结果

业务流程图的制作过程是全面了解业务处理的过程,是进行系统分析的依据;业务流程图是系统分析员、管理人员、业务操作人员之间交流的工具。系统分析员可以直接在业务流程图上模拟出由计算机控制执行的工作。同时,还可以借助该图,分析业务流程的合理性,是业务流程优化和再造的基础工作。

业务流程分析是在业务功能基础上将其细化,利用系统分析员调查的资料,将业务处理过程中每一步用一个图形表示,并按照一定的规则连接起来。业务流程分析工作包括对每一个业务搞清楚其输入、处理、存储、输出和立即存取要求,收集相应资料;理顺各个岗位、各个业务流程之间的关系。除去不必要的环节,对重复的环节进行合并,对新的环节进行增补。确定哪些是今后计算机系统要处理的环节。

用业务流程图描述用户单位的具体工作步骤和环节时,需要做好下列准备工作:

* 了解各部门主要业务职责及岗位设置。
* 了解业务流程所涉及到的部门及岗位。
* 明确各项业务流程的时间和空间顺序。
* 明确表单或文件的形成及传递过程。
* 分析各项业务流程的总体框架及层次。

范例 4:某音像租赁店影碟租借的一般业务工作描述如下:

* 顾客首先查阅在架的影碟,选择想租借的影碟。
* 将选择好的影碟交与店员进行租借。
* 店员查看顾客是否会员。
* 若顾客是会员,直接根据会员卡号登记租借信息,若不是会员,则需要先交费办理入会,才能够租借影碟。

顾客归还影碟的业务流程如下:

* 顾客归还影碟给店员。
* 店员查看租借影碟是否损坏或过期。
* 若过期或损坏,则进行扣罚款处理。

· 没有过期或损坏,则直接进行归还登记。

音像租赁店影碟租借业务执行流程如图 3.1 所示。

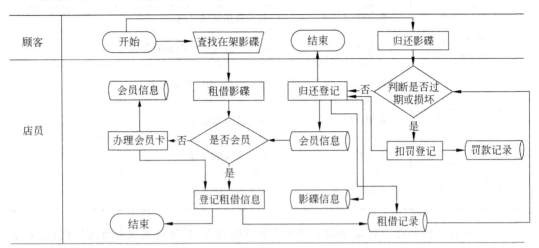

图 3.1　音像租赁店影碟租借业务流程图

从图 3.1 可以看出,此业务流程图描述的是软件控制下的执行流程。如果对原始的手工操作描述,业务流程图是有较大差异的,例如,所有矩形框都将改为梯形符,且个别矩形框所表示的环节将不存在;所有的数据库文件将改为人工记录的符号。

范例 5：大学生体能测试系统的基本业务。在当今国内的高等学校中,按照教育部的要求,每年都要对在校大学生进行一次体能测试,虽然测试的项目和标准在不断调整,但相关人员涉及教师、学生、对测试工作及测试结果进行管理和维护的管理员以及各级领导。各种角色的工作内容和流程描述如下：

（1）测试前管理员负责从教务处的学生基本信息系统中将学生的信息导入到体测系统中,为开展本次体侧提供基础数据源。

（2）学生在教师的组织之下在规定的时间内依次参加各规定项目的测试,教师负责将测试结果进行记录保存。同时系统还可以根据测试结果自动给出相应的锻炼建议。

（3）遇到特殊情况,教师能够对测试结果进行修改、补测或删除。

（4）学生和教师可以查看历次的体测成绩和系统给予的个人锻炼建议。查询方式可以按照学号、姓名、年份、学院等。

（5）管理员在每次测试后需要将成绩及时上报给上级主管单位,同时,还要对本校学生的成绩进行分析,统计优秀、良好、不及格和合格率,并输出统计分析结果提交给校领导,为今后的体育课教学改革提供参考依据。

· 体测结果一览表包括学院、学号、身高、体重、肺活量、跳远、50m＋800/1000＋体前屈＋引体向上/仰卧起坐＋测试日期。

· 统计表包括：学院、男生平均身高、女生平均身高、男生平均体重、女生平均体重、男生优秀人数、女生优秀人数、男生不及格人数、女生不及格人数等。

· 近 3 年的测试结果对比图（柱状图）,体现优秀和不及格人数的变化情况。

（6）对于若干年前的测试结果,由管理员负责定期清理。

体能测试工作的业务流程图如图 3.2 所示。

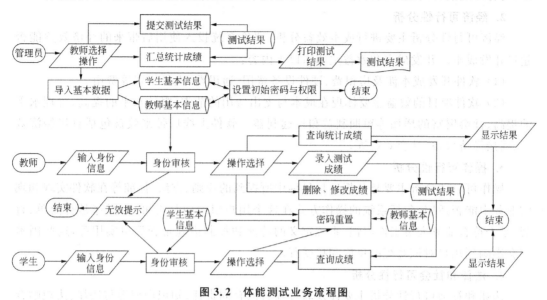

图 3.2　体能测试业务流程图

3.3　软件项目可行性分析

可行性分析也称为可行性研究,是软件项目正式立项前必须完成的工作,其任务是基于用户的要求及现实环境,从技术、经济和社会因素等方面研究并论证软件项目的可行性,并制定初步的软件项目开发计划。其目的就是用最小的代价在最短的时间内确定问题是否能够得到解决,是否值得解决。

可行性研究的内容包括技术可行性分析、经济可行性分析、操作可行性分析、法律和社会可行性分析。

1. 技术可行性分析

技术可行性主要分析现有的技术能否实现这个项目,描述内容包括项目的技术路线、工具的合理性和成熟性,产品技术性能水平与国内外同类产品的比较,关键技术的先进性和效果论述,项目承建单位在实施本项目中的优势。

技术可行性分析考虑的内容如下:

(1) 软件项目的基本要求,包括功能和性能、输入与输出、安全与保密需求,相关的其他系统接口需求等。

(2) 软件项目的主要目标,诸如系统开发是为了扩充功能或提高性能,提高生产水平、提高经济效益、改进管理和决策等。

(3) 软件项目现有的环境,包括现有系统的运行寿命,硬件、软件、运行环境的条件和限制,可利用的信息和资源,系统的交付时间等。

(4) 现有技术方面的可行性,包括采用的技术和方法的合理性、适宜性及先进性,系统的目标是否能达到,项目承建单位是否有类似开发经验,技术人员的数量和质量能否满足，现有环境能否满足开发目标，规定的期限内系统开发能否完成等。

2. 经济可行性分析

经济可行性分析主要进行成本效益分析，评价系统投入使用后带来的经济效益能否超过开发成本。开发成本和效益主要指以下内容：

（1）软件开发成本涉及房租费、硬件设备费用、通讯费、人员工资等费用。

（2）软件项目的效益主要体现在成本与支出费用的节省、服务水平的提高、管理水平的提高、社会财富的增加等短期利益和长远利益。软件上线后带来效益包括直接经济效益、间接经济效益、社会效益等。

3. 操作可行性分析

操作可行性分析主要是分析项目目标中所提到的原则、方法、标准等在软件实现和现实业务中能否适用，包括系统的操作方式在这个用户组织内是否可行，操作是否简单、直观，是否符合业务人员工作习惯，系统定义的功能和控制措施是否简单实用等，这些因素都会影响到用户对该系统的反应和接受程度。

4. 法律和社会可行性分析

法律和社会可行性分析主要涉及软件项目的合同责任、知识产权等与法律、法规吻合或抵触的情况。软件系统的开发和运行环境、平台和工具往往会存在一些软件版权问题，是否能够免费使用或购置正版软件，可能影响项目的建立。必须保证系统的开发不会导致侵权、违法和不良社会反应等问题。

软件项目可行性分析的步骤如下：

（1）分析系统的规模和目标。

（2）分析当前正在运行的系统的状况及业务流程。

（3）分析当前正在运行系统的不足。

（4）提出目标系统的业务流程。

（5）检查目标系统是否满足要求。

（6）编制目标系统初步开发计划。

（7）编制可行性分析报告。

下面以范例5所描述的大学生体能测试系统的开发为例进行可行性分析。

由于大学生体能测试系统的开发本身顺应党中央和教育部的政策与指示精神，完全符合国家的法律法规要求；信息的真实性、准确性和时效性更强，有利于体测工作信息化水平的提高；所有测试项目能够全面反映学生的体能情况，具有广泛的社会推广价值；具体的工作内容比较简单，各种角色及其需求和分工明确、清晰。而且，系统中各项功能的复杂度和技术要求并不高，现有的技术完全可以支持实现。另外，本系统未来的使用人员均为高校内部的教师和学生，都具有计算机操作的基础和能力，只要界面设计保证简单直观，有一定的权限和执行流程的控制，运行相关人员操作应该也是能够顺利、简便地进行。所以，对于该体能测试系统而言，经济可行性、技术可行性、操作可行性以及社会与法律的可行性应该是毫无疑问的，只需要根据技术方案的比较和开发团队的情况来计算和确定开发成本，从而投入资金进行具体软件系统的开发。

3.4 成本/效益分析

鉴于软件项目的开发目的是为了避免无效劳动,取得较好的经济效益,因此在开发前进行成本效益分析是十分必要的。随着软件开发技术的发展,软件成本在计算机系统总成本中影响越来越大,它直接影响到投资者的决策和软件项目能否正常开工。没有合理而准确的软件成本估算,项目实施过程也将面临管理的失控。

据国际数据公司的研究报告显示,全球 500 强企业中,信息技术投资超过生产设备投资的企业约为 65%。即使这样,软件项目的开发情况却并不乐观。1995 年,美国大约只有 10% 的软件项目可以按时交付,而且费用也在预算之内,而约 30% 的项目没有完成就被取消了。

项目超支的原因是多方面的,其中一个主要原因是由于软件开发过程中成本控制工作没有做好,没有对资源配置进行优化,因此造成了成本浪费。而更多的原因则来自对软件项目成本的错误估算,用一个不可能的成本来实现一个比预算昂贵得多的软件,不管如何控制,都将无法避免成本超支的噩运。

3.4.1 软件开发成本估算

软件开发成本主要是指软件开发过程中所花费的工作量及相应的代价。工作量估算对于软件项目计划制订、项目进度管理、人力资源调配和项目成本控制具有重要意义。不同于传统的工业产品,软件的成本不包括原材料和能源的消耗,主要是人的劳动消耗。另外,软件产品不存在重复制造过程,它的开发成本是以一次性开发过程所花费的代价来计算的。因此,软件开发成本的估算是以软件整个开发过程所花费的代价作为依据的。

软件成本的计算不是一门精确的学科,因此称为成本估算。它受到许多因素的影响,包括人的技术和环境的影响。在开发初期的计划阶段给出初步估算费用,在分析阶段需要给出一个修正估算费用,在设计完成之后则会给出最终估算费用。

1. 成本估算的参考数据

(1)软件的规模:软件的规模可以通过逻辑代码语句行、物理代码行或功能点来表示。其数值可以通过与已完成的相似项目的比较来确定,也可以通过综合专家的估计结果来确定,还可以通过任务分解技术来确定。

(2)软件项目的特殊属性:特殊属性包括项目需求的变化频率、开发人员的经验、开发项目所使用的软件及方法、项目所使用的程序设计语言及开发工具、开发人员的工作环境、开发队伍在多个工作地点的地理分布情况、用户及主管对项目最后期限的要求等。

(3)软件项目所需资源:软件开发成本估算主要是估算所需投入的经费开支,包括建立开发环境所需的软件和硬件成本以及支付项目参与者的工资。此外,在开发过程的不同阶段应该投入不同的人力,在一定时间内应该完成规定的任务。因此,合理安排人力和进度也是软件开发成本估算的目标。

2. 软件开发成本的估算方法

对于大型的软件项目,由于项目本身的复杂性,开发成本的估算需要考虑的因素较多，进行成本的估算不是一件容易的事情。估算处理主要靠分解和类推的手段进行。

（1）自顶向下的估算方法：对整个项目的总开发时间和总工作量做出估算，然后把它们按阶段、步骤和工作单元进行分配。

这种方法的优点是重视系统级工作，估算工作量小，速度快，缺点是对项目的特殊困难估计不足，算出来的成本盲目性大，有时会遗漏被开发软件的某些部分。

（2）自底向上的估算方法：把待开发的软件进行细分，直到每个子任务都已经明确所需的开发工作量，然后把它们进行累加，得到软件开发的总工作量。

这种方法的优点是估算各个部分的准确性高；缺点是各个子任务之间相互联系所需工作量常被忽略，此外，还缺少许多与软件开发有关的系统级工作量（配置管理、质量管理和项目管理）的估算。所以估算往往偏低，需用其他方法进行检验和校正。

（3）差别估算方法：将开发项目与一个或多个已完成的类似项目进行比较，找出与某个类似项目的若干不同之处，并估算每个不同之处对成本的影响，导出开发项目的总成本。

这种方法的优点是可以提高估算的准确程度，缺点是"类似"的界限和标准如果定义的不够客观，则会造成极大误差。

（4）专家估算法：专家估算法是依靠一个或多个专家对项目做出估计，它要求专家具有专门知识和丰富的经验，是一种近似的猜测。

（5）类推估算法：类推估算法适合评估一些与历史项目在应用领域、环境和复杂度的相似的项目，通过新项目与历史项目的比较得到规模估计。此估算法估计结果的精确度取决于历史项目数据的完整性和准确度。

（6）算式估算法：算式估算法利用经验模型进行成本估算，它通常采用经验公式来预测软件项目计划所需要的成本、工作量和进度数据。有两种类型的模型常用于进行工作量的估计：成本模型（cost）和约束模型（constraint）。成本模型提高了工作量或持续时间的直接估计，如 COCOMO 模型就是一个经验成本模型。而约束模型显示了随着时间的流逝两个或多个参数之间的关系，这些参数是工作量、持续时间或人员水平等。Rayleigh 曲线在 Putnam 模型中作为约束模型被使用。目前还没有一种估算模型能够适用于所有的软件类型和开发环境，从这些模型中得到的结果必须慎重使用。

3.4.2 软件效益分析

软件效益分析是从经济的角度评价一个新软件项目是否可行，并为组织提供决策支持服务的一种平衡法。在经济活动中，人们之所以要进行成本效益分析，就是要以最少的投入获得最大的收益。

软件项目成本效益分析最常用的方法是将该项目的开发和运行的期望成本与它所具有的效益进行比较和评估。评估基于对估计的成本是否超过预计的收入和其他效益的分析。

软件效益包括直接效益、间接效益、潜在效益。

（1）直接效益：即成本的节省、效率的提高，包括交易成本的降低、销售效率的提高、工作量的减少、员工成本的节省、库存的减少以及资金周转的加快等，信息的实时统计有利于提高管理和营销水平等。

（2）间接效益：能够提高管理效率和服务水平，扩大业务范围与规模，从而取得的经济效益。

（3）潜在效益：使企业的传统经营理念及经营模式逐渐转向先进、科学的经营理念。

范例 6：下面以范例 4 所述的为某音像店开发一个影碟租借与销售管理软件进行成本效益分析，从而完成经济的可行性分析。

系统范围包括会员信息管理、影碟信息管理、影碟租借管理、影碟目录打印、租借信息统计等功能。

用户范围包括会员、顾客、店员、店长、管理员。

该音像店没有实现信息化之前，门店的成本收益如下：

（1）门店雇有店员 3 人，店长 1 人。每月店面租金 12 000 元，店员工资每人 2100 元，店长工资 3000 元。

（2）每月固定开支：12 000＋2100×3＋3000＝21 300 元。

（3）其他费用：税费，餐费，纸张消耗与打印等总和约 4500 元。

（4）每月租借与销售收入约 45 000 元。

（5）影碟折旧损耗费等约：2000 元。

则月收益计算结果为：

$$每月的收益＝45\,000 元（租售收入）－21\,300 元（固定开支）$$
$$－4500（其他费用）－2000（损耗）＝17\,200 元$$

店长最后通过对比购买一套成熟软件和请软件开发公司开发一套软件两种方案，购买成熟软件价格较低 25 000 元，虽然软件比较规范，但一些功能模块不适合音像店的具体情况。重新开发软件价格较高 40 000 元，但完成的软件能够符合门店管理的实际需要。最后选择了第二种方案。

音像店实现信息化后成本效益分析如下。

（1）成本计算：

• "影碟租借与销售管理系统"软件开发成本

• "影碟租借管理系统"软件技术维护成本

（2）效益分析：

• 直接效益：员工减少数量及工资节省成本、库存减少加快资金周转、信息实时统计等货币时间价值计算。

• 间接效益：管理效率的提高、服务水平的提高、业务范围的扩大等价值的估算。

音像店实现业务信息化后，业务管理工作简化和规范，工作效率能够得到提高，店员的数量可以减少到两人，每人的工资可以增加到 2500 元，店长工资 4000 元。工作效率、管理效率、服务水平的提高带来业务量的提高。同时门店增加了音像影碟的销售，也为门店带来一定的效益。每月租赁收入由 40 000 元增长到 56 000 元，音像影碟的销售收入为月 16 000 元。

业务实现信息化后的收益如下。

（1）成本部分：

- 每月固定开支：$12\,000 + 2500 \times 2 + 4000 = 21\,000$ 元。
- 其他费用：税费，餐费，打印费用等，每月总和 4500 元。
- 软件开发成本：40 000 元。
- 硬件成本：5000 元。
- 技术维护费用：1000 元/年。

（2）收入部分：

- 每月租借与销售收入：56 000 元。
- 影碟销售收入：30 000 元。
- 每月的收益＝月收入－月成本＝56 000 元－（21 000＋4500＋2000）元＝29 500 元。

通过成本效益分析发现，音像店实现信息化后第一年收益就能增加 147 600 元，若将软件开发成本和硬件成本分摊在 4 年成本中，每年收益就能增加 47 200 元。

本 章 小 结

需求调研的质量在一定程度上决定了一个软件的开发成败。采用何种方法调研用户需求、分析用户需求，直接影响需求调研的结果。业务流程指为达到特定的价值目标而由不同的人分别完成的一系列活动。业务流程图是需求调研的重要工具，清楚体现用户具体业务工作过程。可行性分析的目的就是用最小的代价在最短的时间内确定问题是否能够得到解决和项目是否值得开发，并非实际解决问题，而是确定软件项目在现有的环境和条件下"能做还是不能做"。软件项目的目标是能够取得经济效益，确定取得经济效益常用的方法就是进行成本效益分析。

本章主要讨论了用户需求调研的必要性、需求调研的方法、内容和步骤，描述了需要调研过程中业务流程的调研和分析，如何用业务流程图描述客户业务流程；软件项目可行性分析的必要性以及分析的内容。最后介绍了软件开发成本估算和成本/效益分析的一般方法。

习 题

1. 为何要强调需求调研？需求调研常用的方法有哪些？

2. 简要叙述需求调研的步骤和内容。

3. 有人说，黑客攻击不需要调研也不敢公开调研，对此你有何看法？

4. 如何进行软件项目可行性分析？

5. 软件开发成本估算方法有哪些？

6. 对于一个缺少开发和管理经验的人而言，可以采取怎样的方法完成一个项目的估算？

7. 结合一个实际的软件项目进行成本估算。

8. 在软件项目中引入估算、预算和决算有何必要性和用途？

第4章

基于结构化方法的需求分析

一个项目的成功开发,前提是获得用户完整需求并对之有正确认识,这样才能保证最终交付给用户一个满意的产品。然而,从开发人员的角度来看,用户提出的需求往往与系统需要具备的功能以及功能的设计有一定的差距,如何梳理需求,把将用户提出的非形式化的需求转化为准确、一致、规范的功能描述,将直接影响后期系统设计与实现,也是系统成功开发的重要基础。本章将详细介绍需求分析的概念、主要任务以及基于结构化方法进行需求分析的工作过程与成果表示方法。

本章要点:
- 需求分析的任务和原则;
- 结构化分析的基本过程;
- 数据流程图的构建;
- 数据字典的主要内容。

4.1 需求分析简述

4.1.1 何为需求分析

需求分析也称为系统分析或需求分析工程,是系统开发人员从软件的角度对用户提出的系统功能、性能和特殊约束等要求进行全面分析,确定软件与其他系统的接口细节等,并将分析结果抽象为软件模型的过程。需求分析阶段是软件生存周期中的重要环节,也对软件开发起着决定性的作用。

在需求定义阶段获得的需求往往受用户对自身业务的熟悉程度、对工作的考虑完整性以及文化素质特别是对事物的综合与表达能力等因素的影响,存在片面性和模糊不清,有时甚至前后矛盾。如果据此开展系统功能的设计、实现,不但结果会偏离用户的期望,而且各项功能无法连接为一个统一的整体,必定要反复修改,由此造成工作量的极大增加,而且严重时会导致软件被修改得不伦不类、面目全非。统计数据表明,软件项目40%~60%的问题或错误是因需求分析阶段工作做得不细致、不准确造成的。所以,需求分析的主要目的就是利用合适的技术和工具,将软件功能和性能的总体概念转化为具体的、量化的并且适合利用计算机完成的软件需求规格定义与说明,最大程度地缩小和避免用户和开发人员认识上的差异,为需求的变更提供法律约束,在降低开发风险的同时,提高任务实现的成功率,为后续开发奠定基础。

4.1.2 需求分析的主要任务

如果说需求调研是面向用户，以用户为中心，最终目的是将他们的工作过程、对未来新系统的要求和期望完整获得的话，需求分析则是面向软件，目的是通过分析和评价用户需求，精化软件的工作范围，确定软件的功能构成，即确定新系统必须完成哪些工作。用一句话概括：需求分析的核心任务是解决"系统必须做什么"的问题。

系统分析员作为需求分析阶段的主要角色，并不需要考虑如何用软件实现用户的需求，他们的工作首先是将用户调研的结果做进一步整理、分析，明确用户到底想要做什么？其次是分析现行系统存在哪些问题、错误或不合理之处，作为开发新系统的借鉴；然后是将用户合理的想法和要求与软件开发的特点相结合，规划和定义新系统的目标，确定软件应该做什么，尤其是要利用计算机的优势，帮助用户完成哪些复杂运算和数据统计分析的工作，抽象出分析模型。其工作过程如图 4.1 所示。

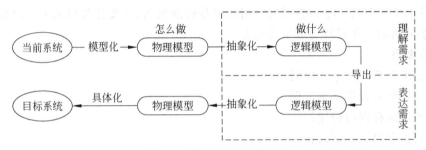

图 4.1   目标系统推导过程

由于需求分析对软件开发成败具有极其重要的影响，因此必须确保下列各项工作严谨、规范地完成。

（1）确定系统的综合需求和总体目标。所谓综合需求包括功能需求、性能需求、环境需求、接口需求及用户界面需求。其中：

- 功能需求是指将要开发的软件必须具备的功能，每个功能的实现能够为用户提供一定的服务。例如高考报名、查询成绩、成绩分析等。

- 性能需求是指将要开发的软件必须具备的技术性指标要求，通常包括响应时间、处理速度、计算的精度、最大数据流量、故障恢复时间等。例如，报名内容填写后单击"提交"按钮，到屏幕显示"提交成功"的时间应小于 2 秒；输入考号后显示成绩查询结果的时间不超过 3 秒，人口普查年增长率的计算结果要达到万分位（即小数点后 4 位）的精度。

- 环境需求是指新软件未来运行时所需要的软硬件的规格与版本要求，例如，运行高考报名系统需要的硬件配置为内存至少 1G、主频 256MHz 以上，安装的操作系统为 Windows 7 或以上版本。

- 接口需求是指新软件运行时与其他软件系统或硬件设备进行通信的具体要求，例如，考勤系统与刷卡机之间必须按照预先定义的接口标准和规范格式进行连接，刷卡结果才能够传到系统中，作为考勤统计的基础数据，由此保证考勤的准确性。

- 用户界面需求是新软件实现人机交互操作时所设计的界面在内容、布局和形式等方面的要求。

(2) 分析用户业务流程和数据需求,构建功能模型,并描述系统数据。需求调研阶段获得的业务流程是用户实际工作过程的物理描述,通常是人工操控为主,甚至是完全的人工操作。以此为基础,分析出哪些应由计算机完成,哪些由人工辅助完成,抽象出软件必须具备的功能。同时,分析业务正常启动的基础数据和工作后的结果数据,确定系统的输入、输出数据及特性,进行规格描述定义。

(3) 编写需求规格说明书,完善开发计划。需求规格说明书(Software Requirment Specification,SRS)是系统开发的基础,是用户和开发人员之间的技术合同,是测试阶段的重要依据,也是能否被用户验收通过的基准。编写需求规格说明书时,应明确体现新系统的功能定义、各项性能指标要求以及对外接口的定义,并用标准的图形(符号)、表格和形式化的语言表示,少用专业术语,力求做到完整、准确、简明、清晰且无歧义,既面向问题也面向计算机,真正成为用户与开发人员统一认识、共同认可的结果。

(4) 需求分析评审。软件评审可谓是软件过程的"过滤器",其作用是滤掉错误,填补漏洞。依据原始的用户需求,对需求规格说明书进行全面的分析、审查,及时发现其中的错误和缺漏,确保此规格说明书的内容全面、合理与可实现性,避免后期实现过程中用户和开发方出现矛盾,用户对功能提出颠覆性的变化。

要成立专门的评审小组,参加评审的人员包括领域内的专家、需求规格说明书的编写人、软件开发和管理人员代表以及用户方代表等。通常专家作为组长,带领大家围绕需求规格说明书中描述的功能、性能、输入输出数据、外部接口、软硬件要求以及正确性、完整性、一致性、兼容性、安全性、可理解性、可行性和可维护性等进行具体审查,评审结束要详细记录审议结果,并有负责人签字确认。对于提出的问题要进行修改,之后再次接受评审,直到通过为止。此时的需求规格说明书具有"里程碑"的效应。

参照 IEEE 制定的 830—1998 标准,国际质量监督检验检疫总局和国家标准化委员会联合颁布了我国软件业文档标准:《计算机软件文档编制规范》GB/T8567—2006。

4.1.3 需求分析的原则

需求分析的过程是一个不断认识、逐步细化、成果不断完善的过程,要正确表达和理解问题的数据域和功能域。对问题采取先抽象、再具体细化的方法。

1. 正确认识和理解问题的功能域和数据域

所谓问题是指软件所要服务的应用领域,即用户的实际工作范畴,功能域是指系统必须完成的任务,也是系统投入运行后能够为用户提供的服务。数据域是指完成各项任务时的初始数据和结果数据。对于计算机而言,初始数据也称为输入数据,结果数据也称为输出数据。为了使软件能够为用户提供有效服务,开发人员不仅要具备软件技术知识,还必须清楚领域中的业务知识(包括行业规约)、机构与职能等,同时也必须明确数据的名称、类型、可能的取值和特殊要求。数据是功能执行过程中的操作对象,有时可以通过数据域的分析确立功能,每项功能执行后也会产生新的结果,这体现了软件功能的作用和必要性。

2．将问题的分析结果模型化表示

对于复杂的问题单纯文字表述有时不够清晰、明确，且容易产生二义性，例如用文字描述一个学校内部的教学楼、实验楼、图书馆、食堂、体育馆、活动中心等的布局，远不如一个沙盘模型一目了然，也不如一张布局图形象。以模型的形式体现需求分析的结果，能够既简单又直观地体现问题中各种要素及彼此间的关系，符合软件工程思想特点，同时有利于对实际问题的正确理解，便于开发人员之间交流、沟通。

3．模型构建采取分层描述、逐步细化的方法

任何待开发的软件系统，其功能都不是单一的，分层表示能够降低分析的复杂度，简化问题的理解，提高对问题的可描述性。在分层的过程中，将功能逐步拆分为小的、简单的子要素，这样不仅可以将任务的实现分工，而且对于一些共同的问题可以公用子功能——组件的形式开发，既有利于减少重复、提高开发效率，更重要的是还能够使软件开发实现"工程化"。

4.1.4　需求分析方法的分类

自从提出软件工程至今，需求分析已经推出了多种方法，目前使用较多也有一定影响的是功能分解法、数据流法、信息建模法和面向对象的分析方法。

（1）功能分解法：以功能为核心，通过对各功能的具体分析，规划整体系统构成。

（2）数据流法：以用户需要处理的数据为分析核心，即根据业务执行过程中使用的数据的特点、关系、流向和变化，分析提取出软件系统应该具备的基本功能，同时规划出具有保存价值的数据，并以数据库或文件的形式存储。

（3）信息建模法：是依赖于 P. P. S. Chen 于 1976 年提出的实体-关系法发展而成的，将客观世界中存在的事物称为实体，每个事物具有的特征称为属性。分析过程就是发现和抽象出实体，以实体为核心，分析实体间的联系和具体形式，由此确定系统的框架。

（4）面向对象的分析方法：以对象为核心，分析对象具有的属性和行为操作，将具有相同属性和操作的对象抽象为类，然后以类作为基本要素构成系统。

上述方法各具特点，具体选择哪一种，需要密切结合新系统的特点与要求而定。

4.2　结构化分析

结构化分析方法最初由 Douglas Ross 于 20 世纪 70 年代初提出，后经过 DeMarco 和 E. Yourdon 等人推广，20 世纪 70 年代末期正式确立。20 世纪 80 年代中后期，Mellor 和 Pirbhai 等人又在此基础上进行了扩充，引入新的分析机制——实时系统分析机制，使该方法在分析过程、处理形式和结果表达等方面更加规范、完善，成为了自 20 世纪 70 年代末至今在软件开发领域应用最广泛、最具代表性、也是最成熟的分析建模方法。

4.2.1　结构化分析的特点和原则

结构化分析方法是最早的、也是使用时间最长的软件分析方法，特别适合于以数据处理为重点内容的软件系统的实现，并且分析过程以自顶向下、逐层分解、逐步求精为指导思想,强调逻辑分析和逻辑模型的构建,不涉及任何物理功能的设计。该方法本质是面向数据流的分析方法,以分析数据的组成、流向和加工处理为核心,同时也在一定程度上融合了功能分解法和信息建模法。

虽然通过需求调研已经获知了用户的业务过程,并且利用业务流程图表示,但是该图的特点是面向用户的业务分析模型,仅限于体现用户的实际工作流程,也是待开发系统实际执行的基本过程。结构化分析方法则在业务流程图的基础上,对数据、数据的流向和变化过程进行深入、具体的分析,最终建立完整的分析模型,力求使业务流程在计算机内部更合理、更有效地控制和实现。具体分析过程如下:

(1) 分析目标系统的业务模型,明确本质操作。

(2) 分析现行系统或工作中存在的问题,保证待开发的目标系统功能健全。

(3) 抽象出目标系统的上层逻辑模型。上层逻辑模型是系统任务和功能的总体概貌,不涉及具体功能的内部控制。

(4) 细化、完善上层逻辑模型,详细体现各功能的内部变化与控制操作。

(5) 对逻辑模型做详细并且规范的数据和操作描述。

首先明确有哪些初始数据需要提供或能够提供,其次分析最终要从系统获得什么结果(包括数据内容和形式),然后分析要获得这些结果,需要对各种初始数据完成哪些主体(总体)的分类加工处理,最后再详细地分析每个主体加工内部数据的流向和具体变化过程。通过这样的从概括到具体、从分析数据到确定系统功能的过程,逐步推导和构建出系统的分析模型,使系统分析的任务——系统必须做什么的问题得到明确回答。而模型的推导,则依赖于结构化分析提倡的抽象、分解的基本原则,同时贯彻了去除含糊不清的需求、保证需求的可追踪性和可回溯性等指导性原则。

4.2.2　结构化分析的主要工具

结构化分析的工作内容主要是创建系统分析模型,即站在计算机的角度,对用户的需求作进一步分析,并且最终达到以下目标:

(1) 准确描述用户的需求。

(2) 确定与需求对应的一系列系统功能。

(3) 为软件设计奠定基础。

(4) 为软件最终验收提供基本标准。

为实现上述目标,结构化分析方法提供了一系列图形符号、数据描述工具和实现步骤,主要包括:

(1) 建模工具:数据流程图、实体－关系图。

(2) 数据描述工具:数据字典、判定树、判定表、结构化语言。

数据流程图用于结构化分析功能建模,将在 4.3 节详细介绍。数据字典是数据流程图中出现的内容的详细描述,将在 4.4 节详细介绍。判定树、判定表和结构化语言详见第 6 章。

实体-关系图通常称为 E-R 图(Entity Relationship Diagram,ERD),用于描述系统中的数据对象及其之间的关系,属于半形式化的数据建模工具,在数据库设计技术中广泛使用。其中数据对象是指现实世界中客观存在的、具有不同性质的事物，可以是人员（角色）、事物、机构和事件等，如学生、课程、高考报名等。凡具有相同特性的数据对象统称为一个实体，各实体间通常都存在一定联系，如学生要选修课程，顾客要订购商品，教师要计算成绩等。在结构化分析中，数据模型即通过 E-R 图体现。

E-R 图的基本形式如图 4.2 所示。

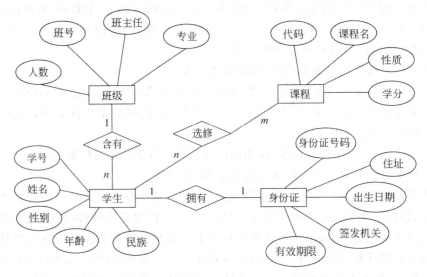

图 4.2　E-R 图样例

图 4.2 中的矩形框表示一个实体，椭圆表示该实体具有的属性，菱形表示实体间的关联关系。关联关系具体有三种形式：

（1）一对一关联（1∶1），如学生和身份证的关系。

（2）一对多关联（1∶n），如学生和班级的关系。

（3）多对多关联（$n∶m$），如学生和课程的关系。

由于 E-R 图的构建技术不是结构化分析方法中首次提出的，在结构化分析中，只是利用它实现数据模型的构建。因此，对于 E-R 图的详细论述，请参看数据库技术的有关书籍和资料。

4.3　数据流程图的构建

4.3.1　构建数据流程图的作用

数据流程图（Data Flow Diagram，DFD）是结构化分析的典型工具，全面展现数据在系统中的流向和变化，包括系统由哪些功能组成、各功能之间的关系、需要用户提供哪些基础数据和最终能够提供给用户哪些结果。因其体现的是系统的逻辑处理，即逻辑功能，不掺杂任何物理元素，所以也称为逻辑模型。通过数据流程图，可以描绘与用户相关的初始数据的接收过程以及这些数据转变为输出结果的内部加工过程，图形的构建采取自顶向下、逐层分解细化的基本原则，既便于分析人员对问题的认识从由粗到细，使问题的复杂度得到控制和降低,也有利于系统逻辑功能的清晰描述,更方便后期对功能的分工实现。

4.3.2　数据流程图的基本符号

数据流程图的基本符号和含义如图 4.3 所示。

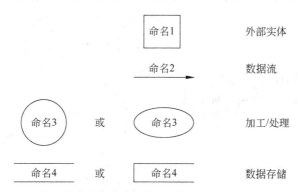

图 4.3　数据流程图基本符号和含义

(1) 外部实体代表系统的源点或终点,它是引发系统功被执行的驱动者,也是功能执行后的终结者;是初始数据的提供者(来源),也是系统处理结果的接收者(去处)。外部实体处于软件系统之外,可以是一类人员(角色)、机构、部门或其他相关软件系统和硬件设备等。每个外部实体符号内部都必须有明确的命名,且用名词表示,如学生、客户、后勤处、供货商等,也可以是其他系统、子系统或设备的名字,如条码扫描仪、指纹采集器等。源点和终点可以相同,此时最好将其分列在左右两侧,使数据的来龙去脉(即传送路径和变换过程)更明晰。

(2) 数据流体现了在系统内部处理的数据及其流向,其中箭头表示数据的传递方向,名称体现传递的具体数据。数据可以是一个简单数据项,如姓名、借书证号等,也可以是综合信息的描述,如报名表、成绩单。数据流可以出现在外部实体和加工之间,也可以出现在加工之间以及加工与数据存储之间。对于外部实体和加工之间出现的数据流必须有明确的定义(命名),且由编号或名称表示(第一次出现时编号和名称必须同时出现),如 f1 报名表、f2 成绩单,其他的数据流如果意义非常明确,则可以省略命名,有利于图面的清晰和可读性。另外,对于系统中任何地方涉及或使用到同一个数据流时,最好用编号表示,既简单,还可以保证一致性。

(3) 加工/处理也称为处理逻辑,是数据流程图的核心要素,表示系统的逻辑功能。每个加工必须命名,且由名词和动词联合表示,其中动词体现执行的功能,名词表示功能操作的对象,如输入报名表、查询成绩。每个加工可以接收一个或多个数据流,也可以产生一个或多个数据流。

(4) 数据存储用于保存系统中需要永久或临时保存的数据,这些数据关系密切,且有一定的结构,可以是数据文件或特殊形式的数据组织。数据存储必须用名词命名表示,如学生信息、考试成绩、比赛项目等。

上述各符号虽然作用和意义不同，但命名时都必须遵守命名规则，而且要使用最简明的词汇，做到见名知意。特别是由多个数据元素组成一个数据流时，一定要用概括的形式表示，即综合命名，不能把各元素逐一描述，如数据流是一个成绩单，不能写成学号、姓名和成绩，应该命名为成绩单。

图 4.4 是一个处理报名信息的数据流程图。

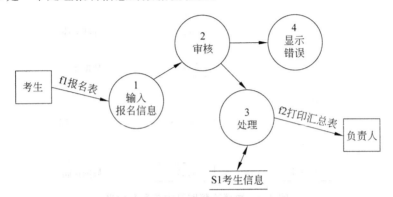

图 4.4 处理报名信息的流程图

分析图 4.4 中描述的内容，明显有两个地方不符合符号使用基本规则：

（1）审核和处理两个加工缺少名词，没有体现出操作的具体对象，而且处理一词过于抽象，操作的具体内涵和意义不明确。

（2）f2 出现在数据流的位置，应该由名词表示，但是"打印汇总表"是一个具体操作，前后意义不一致。

图 4.5 是对图 4.4 进行修改的结果。

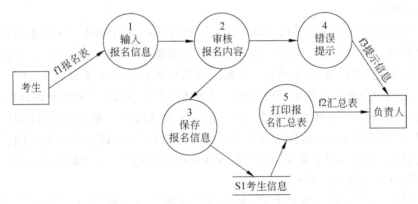

图 4.5 修改后的处理报名信息的流程图

4.3.3 构建数据流程图的步骤

如前所述，数据流程图由 4 种基本成分组成，对于一个复杂的系统而言，通过这 4 种成分的相应符号将系统逻辑功能、数据及其变化等进行清楚、完整的表示，不是一项简单的工作。

构建数据流程图,需要按照下列步骤进行。这些步骤不仅遵循了结构化方法抽象、分解的原则,而且体现了自顶向下逐层描述的过程。

1. 构建顶层数据流程图

顶层数据流程图体现系统的应用领域及系统与外界的主要接口。具体内容由以下 3 部分组成:

(1) 一个加工,其中的命名为系统名称,如学籍管理系统、网上商城。

(2) 与系统有关的全部外部实体。

(3) 与外部实体相关的系统主要输入、输出数据流。

2. 构建 0 层数据流程图

0 层数据流程图体现系统主体功能及各项功能与外部的接口情况,主体功能体现系统框架,具体内容由以下 4 部分组成:

(1) 加工。每个主体功能用一个加工表示。由于主体功能是对所要实现的任务的概括,其命名通常应该比较抽象、笼统,体现整体内容,如成绩管理、奖学金评定。对于规模较大的系统,主体功能也可以命名为某某子系统,例如一个电商网站可以划分为前端客户子系统、后台管理子系统。

(2) 与主体功能相关的输入/输出数据流。它指每个主体功能所接收的初始数据流和产生的输出数据流。

(3) 外部实体。这些外部实体分别通过输入数据流引发各主体功能执行,并接收执行后的输出结果。

(4) 数据存储。体现主体功能执行后产生的、需要保留在系统内部的结果数据的去处。0 层图中各主体功能通常应该无直接关联,相互之间通过数据存储进行联系,由此使主体功能的独立性得到保证。

3. 细化 0 层数据流程图

0 层图中的每个主体功能(加工)没有体现所包含的操作细节,也没有反应出从输入数据到输出结果的变化过程,所以需要继续细化,产生 1 层图,具体过程是将一个主体加工分解为不同的加工,每个操作环节分别由一个加工表示。如果主体功能复杂,难以在 1 层图中全部细化体现,则可以再次细化,产生 2 层图。如此下去,直到内部的执行逻辑十分简明、确定为止。

4.3.4　构建数据流程图需要注意的问题

构建数据流程图除遵循从顶层开始不断逐层分解细化的原则以外,为了使分解过程更顺利、分解前后的结果一致且对应,需要注意以下问题。

(1) 外部实体的确定一定是初始数据的直接提供者和最终接收者。

(2) 除顶层加工以外,每个加工都必须要有编号,但编号原则上不体现执行的次序。编号规则为:0 层图中出现的加工编号分别为 1、2、3…,从 1 层图开始,加工的编号为被细化的加工编号.序号,由此可以清楚地体现上下层的对应关系——父子图,例如,对加工 1 细化的 1 层图中,加工的编号分别为 1.1、1.2、1.3…;对加工 1.3 细化的 2 层图中,加工的编号分别为 1.3.1、1.3.2、1.3.3…,如图 4.6 所示。

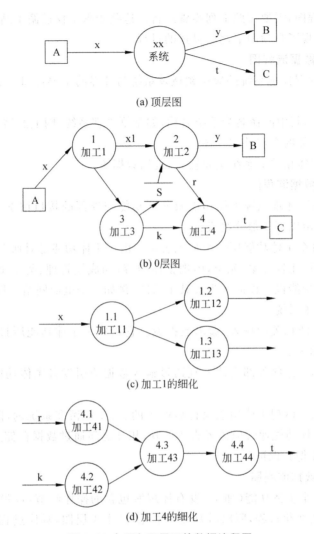

(a) 顶层图

(b) 0 层图

(c) 加工 1 的细化

(d) 加工 4 的细化

图 4.6　自顶向下展开的数据流程图

（3）对每个加工的细化要独立成图，即为一张图，且图名可以为被细化的加工编号或名称。绝对不能将所有细化的结果出现在一张图中。

（4）外部实体之间、数据存储之间、外部项和存储之间不能直接发生联系，即它们之间不能出现数据流连线，因为数据存储属于静态事务，处于系统内部，对于外部实体而言是不可见的，而且两个静态事务自身也不具备自动交互联系的能力，只有通过系统功能——加工的执行，才能够实现数据存储中的数据变化和读取操作。外部实体之间交互属于人工动作，不在数据流程图所描述的软件功能的范围之内。图 4.7 中云符覆盖的部分即是错误的。

（5）每张图中的加工数最多不超过 10 个，尽可能遵循 8±2 原则。7 个以内比较好，但也不要少于 3 个。如果加工过多，超出 10 个，可能存在二种情况：一是内容过于复杂，需要重新调整上层功能设置；二是分解太细碎，需要将内容过于简单的加工适当合并。

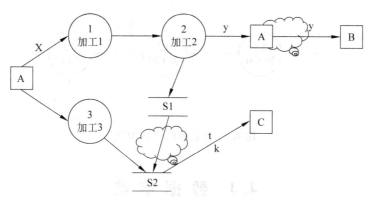

图4.7 关联错误的情况

（6）对同一层图中的加工进行细化应尽可能保持同步扩展，即细化层次为±1的差异。

（7）保持父子图数据流（正常/有效）的平衡，即子图中的初始输入数据流和最终输出数据流要与父图中保持数量和名称的一致性，非正常操作引发的错误提示数据流除外，如图4.5中的错误提示加工产生的提示信息数据流即属于非正常操作的结果。图4.8是对图4.6的0层图中加工2的细化，其中图4.8(a)中父子图不平衡，图4.8(b)图则保持了父子图平衡。

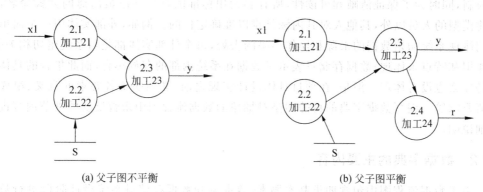

(a) 父子图不平衡   (b) 父子图平衡

图4.8 0层图中加工2的细化

（8）图中只体现各加工的一次执行过程，不反映循环过程，也不能出现实物流和控制流。所谓实物流是指计算机能够接收和处理的数据以外的实物，如书、学生，但是书单、学生登记表则是数据流。

（9）避免黑洞的出现。所谓黑洞指与某个加工或数据存储相关的数据流为单一流向而形成的结果，即全部为输入流或全部为输出流，如图4.9中的加工3.3，二个数据流均为输入流，缺少输出结果。由于DFD图中出现的加工因执行的功能不同而唯一存在，要避免出现黑洞，只要保证至少有一个输入数据流和一个输出数据流存在即可，但数据存储可能被一些加工在不同的图中重复引用，所以要判定某个数据存储是否存在黑洞，需要分析所有数据流程图，若全部是被写入数据，从未提供数据给任何加工，则存在黑洞，反之亦然。

除上述基本原则以外，在构建数据流程图时，还需要注意各要素布局应该美观，尽可能避免交叉线，否则会影响可读性。

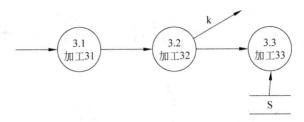

图 4.9　存在黑洞的 DFD 图

4.4　数　据　字　典

数据字典（Data Dictionary，DD）是系统中全部信息的有组织的描述集合，是对数据流程图的辅助说明。

4.4.1　构建数据字典的意义和用途

众所周知，模型是对要解决的问题采用规定的符号进行抽象表示的结果。数据流程图是系统逻辑模型，体现了系统逻辑功能及功能间的关系。绘制数据流程图时，因受图面的限制，同时为了保证清晰和可读性，所有要素用标准的符号并以最简捷的方式命名，除构建模型的人员以外，其他人对其内涵是难以准确定位的。例如，外部实体用一个简单的名词体现系统初始数据的来源和操作结果的去处，每个外部实体都是与系统密切相关的，但作用和特点未体现；数据存储只表示了数据在系统内部的存放集合，而此集合的具体构成是什么也没有体现。但是，在项目具体设计实现之前，必须明确各要素的意义、组成和取值要求等。编写数据字典的目的即是对抽象的数据流程图中未曾反映的细节内容进行详细说明。

4.4.2　数据字典的主要内容

由于数据流程图中包含四类基本要素，数据流和数据存储对系统设计阶段进行数据表设计和界面设计有直接的影响，且数据流和数据存储通常由多个简单的数据项组成，功能模块的设计与加工相对应，所以数据字典需要对四类要素和数据项进行综合定义与描述，而且定义必须做到全面、严谨、精确、无二义性。

1. 数据项条目

数据项也称为数据元素，是系统中数据的最小单位，不可再分解，直接体现事务对象某一方面的属性特征。对该条目的具体描述内容如下。

- 名称：要求唯一、明确且有意义。
- 别名：用户以往习惯的称谓或在其他场合或功能中的命名。
- 意义简述：数据项的作用。
- 取值类型：所保存的数据值的类型，如整型、字符型或日期型等。
- 长度：所取值的最大长度，如邮政编码是 6 位，区号是 3 位。
- ［取值范围/初值］：取值可能的范围和初始值，如：学期是 $1\sim8$，初值＝1；季度为

1~4。此项根据实际情况选择填写。

- ［与其他数据项的关系］：与其他数据项直接的完整性约束关系。

2. 数据流条目

数据流是数据在系统内部流动、传输的路径体现，对该条目的具体描述内容如下。

- 编号与名称：应该与 DFD 图中的描述一致。
- 作用简述：数据流的作用。
- 组成：所包含的数据项。
- 来源：此数据流的出处，即来自于哪个加工或外部实体。
- 去处：此数据流的去向或目的地。
- 流通量：单位时间内数据的传输次数。
- 峰值：流通量的最大值。

3. 数据存储条目

数据存储是系统内部数据保存的地方，对该条目的具体描述内容如下：

- 编号与名称：要求应该与 DFD 图中的描述一致。
- 作用简述：数据存储的用途，即其中存放的是哪方面的数据。
- 组成：所包含的数据项。
- 存储方式：顺序写入、随机写入、按关键字排序、成批处理还是联机处理。

4. 外部实体条目

集中说明外部实体能够提供哪些数据流和最终获得哪些操作结果，对该条目的具体描述内容如下。

- 名称：要求与 DFD 图中的描述一致。
- 作用简述：外部实体的用途和特点。
- 提供的数据流：写出所有输入数据流的编号。
- 接收的数据流：写出所有需要接收的数据流的编号。

5. 加工条目

对最底层的加工其内部流程进行描述，具体内容如下。

- 编号与名称：要求与 DFD 图中的描述一致。
- 功能简述：所执行的功能的简要说明。
- 接收的数据流：所有接受的数据流（激活该加工启动运行的数据）。
- 输出的数据流：产生的操作结果数据。
- 执行过程：加工内部的处理流程。

在建立数据字典时，只需要对执行过程和内容比较复杂的加工进行详细描述，其他简单加工可以省略。

4.4.3 构建数据字典使用的符号

为了规范对数据的描述，结构化方法提供了一系列在数据字典中定义数据使用的符号，具体符号说明见表 4.1。

表 4.1   数据字典中使用的符号

符　　号	含　　义	举　　例
＝	"定义为"或"由…组成"	成绩单＝学号＋姓名＋课程名＋成绩
＋	和	同上
[|]	或（必选其中之一）	政治面貌＝[党员|团员|群众]
m{}n	重复	星级＝3{☆}5
()	可选	曾用名＝(姓名)，并非每个人都有曾用名
..	连接，表示范围	学期＝1..8

4.4.4　数据字典举例

　　下面是对图 4.5 中数据流"报名表"、数据存储"考生信息"和加工"打印报名汇总表"的定义。

　　（1）编号与名称：f1 报名表。

- 作用简述：考生填写的报名内容。
- 组成：报名表＝姓名＋性别＋年龄＋专业＋联系方式。
- 来源：考生。
- 去处：加工"输入报名信息"。
- 流通量：1000。
- 峰值：2000。

　　（2）编号与名称：S1 考生信息。

- 作用简述：储存考生报名结果。
- 组成：考生信息＝考号＋姓名＋性别＋年龄＋专业＋联系方式＋报名时间。
- 存储方式：顺序存储。

　　（3）编号与名称：打印报名汇总表。

- 功能简述：将考生的报名结果汇总打印输出。
- 接收的数据流：考生信息。
- 输出的数据流：f2 汇总表。
- 执行过程：从考生信息中读取出所有数据，按照指定的格式编辑信息，形成表格文件，输出到打印机。

4.5　结构化分析建模综合举例

　　基于第 3 章范例 5 所述的大学生体能测试的基本业务及流程描述，对教师、学生和管理员等角色需要完成的工作及相关的数据进行了深入的研究分析，推导出体能测试信息信息管理与分析系统的逻辑模型 DFD 和数据的详细定义。

4.5.1　系统数据流程图

1. 系统顶层图

依据 DFD 顶层图的基本规则，通过对基本需求进行分析和抽象，构建出如图 4.10 所示的体能测试信息管理与分析系统的顶层图。其中,教务系统是为本体测系统提供基础数据的,上层数据库则是每一次体能测试工作上级主管单位保存总体结果的数据库,它们均作为特殊的外部实体存在。

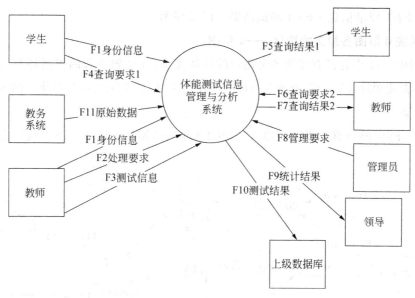

图 4.10   体能测试分析与管理系统顶层图

2. 系统 0 层图

根据对各种角色的具体任务的描述,抽象构建出该系统的 0 层图,如图 4.11 所示。

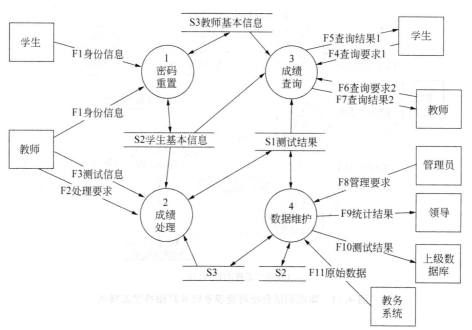

图 4.11   体能测试分析与管理系统 0 层图

说明：由于系统中的输入、输出数据流比较复杂，为保证图面清晰，图 4.11 中数据流基本为概括描述，具体内容定义如下：

F1＝F1-1 登录信息＋F1-2 新密码

F3＝F1-1 登录信息＋F3-1 测试结果＋F3-2 学号

3. 系统 0 层图各加工的细化——1 层图

由于图 4.11 中并没有体现各类用户的具体需求，如密码重置的控制环节、体测成绩的输入和成绩删除等属于哪个加工内部的操作均未描述，必须进一步细化。图 4.12 则为细化的结果。

说明：F9＝F9-1 体测结果一览表＋F9-2 3 年测试结果对比图＋F9-3 统计表。

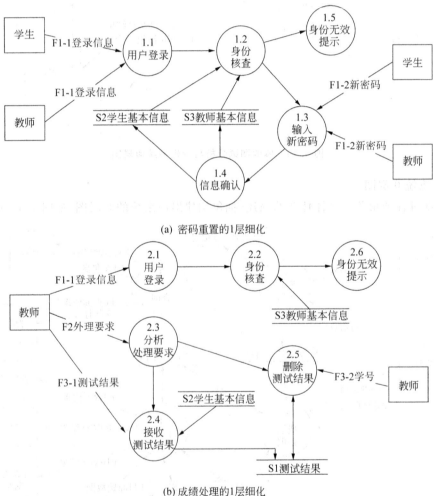

(a) 密码重置的1层细化

(b) 成绩处理的1层细化

图 4.12 体能测试分析与管理系统 0 层图各加工细化

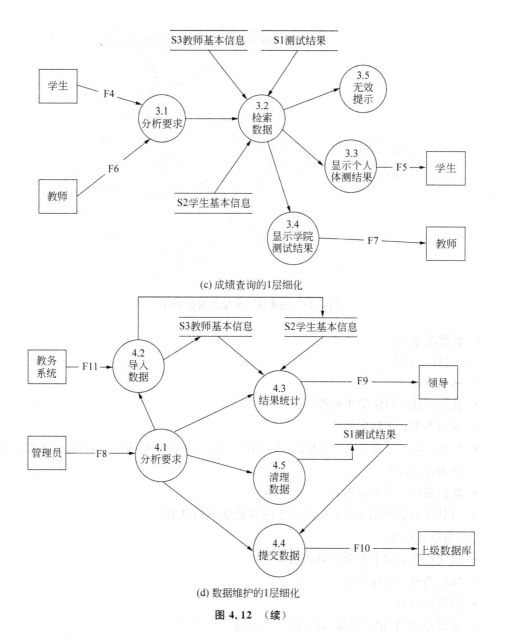

(c) 成绩查询的1层细化

(d) 数据维护的1层细化

图 4.12 (续)

4.1 层图加工 4.3 的细化

结果统计是本系统的核心操作之一,该功能可以将每一次体测的结果进行全面汇总,同时也可以清晰反映学生的身体生长和变化情况,其内部的控制和数据的流向变化如图 4.13 所示。

4.5.2 系统数据字典

下面是体能测试信息管理与分析系统中部分数据的描述。

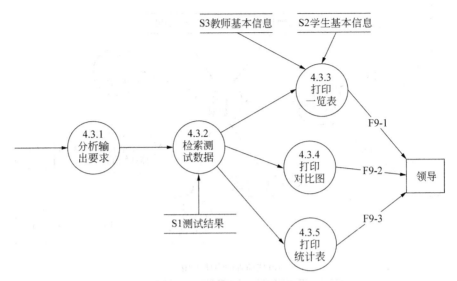

图 4.13　结果统计加工的细化 DFD

1. 数据项条目

（1）名称：学号。

- 别名：无。
- 意义简述：每位学生的唯一标识。
- 取值类型：字符串型。
- 长度：13 位：第 1～4 位表示学院，第 5～8 位表示专业，第 9～10 表示年级，后 3 位为递增序号。
- 取值范围：后 3 位为 001～999。
- 与其他数据项的关系：确定学生的其他基本信息值。

（2）名称：密码。

- 意义简述：用于安全控制的信息。
- 取值类型：字符串型。
- 长度：10 位。
- 取值范围/初值：字母、数字的组合，初值为 6 个 9。

2. 数据流条目

（1）编号与名称：F1-1 登录信息。

- 作用简述：用户进入系统的身份核查信息。
- 组成：登录信息＝用户名（学号/工号）＋密码。
- 来源：用户（学生、教师、管理员等）。
- 去处：加工 1.1、2.1。
- 流通量：500。
- 峰值：1500。

（2）编号与名称：F9-1 体测结果一览表。

- 作用简述：当年体测结果的汇总。
- 组成：体测结果一览表＝学院＋学号＋身高＋体重＋肺活量＋跳远＋50m＋800/1000＋体前屈＋引体向上/仰卧起坐＋测试日期＋记录人。
- 来源：加工 4.3.3"打印一览表"。
- 去处：领导。
- 流通量：20。
- 峰值：100。

（3）编号与名称：F9-3 统计表。

- 作用简述：当年体测结果的详细分析结果。
- 组成：统计表＝学院＋男生平均身高＋女生平均身高＋男生平均体重＋女生平均体重＋男生优秀人数＋女生优秀人数＋男生不及格人数＋女生不及格人数。
- 来源：加工 4.3.5"打印统计表"。
- 去处：领导。
- 流通量：10。

3. 数据存储条目

（1）编号与名称：S1 测试结果。

- 作用简述：存储所有学生的测试结果。
- 组成：测试结果＝学号＋测试日期＋身高＋体重＋肺活量＋跳远＋50m＋800/1000＋体前屈＋引体向上/仰卧起坐工号。
- 存储方式：按学号顺序存储。

（2）编号与名称：S2 学生基本信息。

- 作用简述：储存所有需要参加体测的学生信息。
- 组成：学生基本信息＝学号＋姓名＋性别＋学院＋密码＋备注。
- 存储方式：按学号顺序存储。

（3）编号与名称：S3 教师基本信息。

- 作用简述：保存负责体测工作的教师基本信息。
- 组成：教师基本信息＝工号＋姓名＋密码＋备注。
- 存储方式：按工号顺序存储。

4. 外部实体条目

（1）名称：学生。

- 作用简述：体测对象。
- 提供的数据流：F1-1、F1-2、F4。
- 接收的数据流：F5。

（2）名称：教师。

- 作用简述：体测工作的执行人。
- 提供的数据流：F1-2、F1-2、F2、F3-1、F3-2、F6。

- 接收的数据流：F7。

本 章 小 结

　　需求分析是系统开发人员从软件的角度对用户提出的功能、性能等要求进行全面分析，确定软件基本功能、与其他系统的接口细节等，并将分析结果抽象为软件模型的过程。需求分析阶段是软件生存周期中的关键环节，也对软件开发成败具有重要影响。需求分析有多种方法，其中结构化分析和面向对象的分析方法应用最为广泛。结构化分析强调逻辑分析和逻辑模型的构建，在抽象分解的基本原则指导下，采取自顶向下、逐步求精的方法，便于分析人员对问题的认识和描述，使问题的复杂度得到控制和降低。数据流程图是结构化分析的主要工具，利用数据流程图描述系统的逻辑模型，能够清晰地展示系统的逻辑功能，而不涉及任何物理功能的设计与实现。数据字典则是对数据流程图的辅助说明，是系统数据的详细描述，为后续系统设计和实现过程中数据结构的合理化定义奠定基础。

习　　题

　　1．什么是需求分析？主要任务是什么？

　　2．进行需求分析时需要注意哪些问题？

　　3．在结构化分析中"结构化"一词的含义是什么？

　　4．简述结构化分析的基本过程。

　　5．简述数据流程图和数据字典的作用以及二者的关系。

　　6．自顶向下分层细化数据流程图有何益处？

　　7．某学校要开发一个学生医疗费报销系统，需求描述如下：

　　（1）学生报销。学生将要报销的医疗费收据清单和学生卡交给财务出纳员，出纳员做姓名对比后若无疑义，即输入学生卡号进行身份审核。有效，则依次输入每张收据的内容进行医疗费的累计，再根据收据的类型（门诊、急诊）确定报销比例，计算出实报金额，并将报销的账目（卡号、姓名、日期、收据单号、就诊医院、就诊类型、总金额、报销比例、实报金额）做详细记录，同时打印一张报销凭条连同报销款一起交给学生。

　　（2）会计需要定期汇总报销情况，制作出医疗费报销一览表。另外，对手术报销的情况单独统计，生成手术报销统计表，交给主管领导。

　　（3）学生可以登录系统，查看报销的有关通知、报销时间、本人的报销情况等。

　　请根据以上叙述，分层构建数据流程图。

　　8．为方便学生对自己的日常生活费使用情况进行实时监控，拟开发一个个人财务软件，具体要求如下。

　　（1）用户管理：把个人信息输入到系统中，并设置密码，同时允许修改密码。

　　（2）对每笔支出和收入进行记录，并能够修改记录，记录内容包括日期、消费名目、金额、类别、备注等。

（3）查看记录：按照特定时间或时段查看收入、支出情况，并以图形体现不同类别的分布状况。

（4）预算：对下个月或以后一段时间的支出做出规划。

（5）提醒：当支出超出预算时系统能够自动做出铃声提醒；当支出超过收入的一定百分比时，要信息提醒用户（百分比由用户自定义）。

（6）统计分析：对比计划和实际支出情况。

请根据以上叙述，分层画出完整的数据流程图，并分别选择两个数据项、数据存储和数据流进行数据字典描述。

9. 某单位需要开发一个网上招聘系统，具体任务如下：

（1）人力资源部人员负责考题（题库）维护、问卷与招聘职位及要求的制定、调整、发布、收集审阅和面试通知的发放，并将面试结果提交给有关领导审批。对于所有信息，该部门的人员可以随时浏览。

（2）参加应聘的人员通过登录系统，提交简历并填写问卷。

（3）有关领导对面试结果进行审批，通过的人员，其信息自动转入企业员工档案中，未通过的，则转入人才储备库中。

请根据以上叙述，分层画出完整的数据流程图，并进行数据字典的描述。

10. 结合你校学生科协的工作特点与需要，确定基本需求，开发一个科协工作监控管理系统。

11. 结合你参加高考报名的经历和认识，采用结构化的技术，设计一个高考报名系统，画出数据流程图，并对其中的内容进行数据字典的描述。

第 5 章

系统概要设计

需求分析中得到的系统分析模型解决了"系统必须做什么"的问题,而"系统怎么做"是由系统概要设计来完成的。概要设计的基本目的就是回答"系统应该如何实现?"这个问题。通过这个阶段的工作将划分出组成系统的物理元素:模块、文件、数据库等等,但是每个物理元素仍然为"黑盒子"——即内部结构是不可见、不明确的。概要设计阶段的另一项重要任务是设计软件的结构,也就是要确定系统中每个程序是由哪些模块组成的,以及这些模块相互间的关系。

本章主要介绍系统概要设计的任务、基本原理、概要设计的基本方法以及软件结构的描述工具。

本章要点:
- 概要设计的基本任务;
- 概要设计基本原理;
- 内聚和耦合;
- 结构化设计:软件结构图、变换型和事务型设计;
- 软件结构的优化。

5.1 简　　述

我们知道,软件设计是把一个软件需求转换为软件表示的过程,而概要设计(又称结构设计)就是软件设计最初形成的一个表示(这里的表示是一个名词),它描述了软件总的体系结构。简单地说,软件概要设计就是设计出软件的总体结构框架。

5.1.1 概要设计基本任务

软件概要设计阶段要完成的任务主要体现在这样 4 个方面:软件结构设计、数据结构及数据库设计、编写概要设计文档、设计评审。

1. 软件结构设计

在需求分析阶段,采用结构化技术已经通过抽象确定出软件系统的功能,并按自顶向下分层描述的方法构建出功能模型——数据流程图,而在概要设计阶段,需要进一步分解,将逻辑功能转化为功能模块,并按层次体现模块间的结构。具体过程如下:

(1)采用某种设计方法,将一个复杂的系统按功能划分成模块。所谓模块就是可独立存在、有唯一的命名且可直接访问的程序单元,每个模块完成一个相对独立的功能,通常具有功能、逻辑、接口和状态等 4 个基本属性。

（2）确定每个模块的功能。

（3）确定模块之间的调用关系。

（4）确定模块之间的接口，即模块之间传递的信息。

（5）评价模块结构的质量。

2. 数据结构及数据库设计

对于大型数据处理的软件系统，数据是系统的核心内容和处理对象，对数据进行准确定义和描述是系统概要设计的重要工作，其中包括数据结构及数据库设计两方面的内容。

（1）数据结构的设计。逐步细化的方法也适用于数据结构的设计。在需求分析阶段，已通过数据字典对数据的组成、操作约束、数据之间的关系等方面进行了描述，确定了数据的结构特性，在概要设计阶段要进一步细化。

（2）数据库的设计。数据库的设计指数据存储文件的设计，主要进行以下几方面设计：

- 逻辑设计。在 E-R 模型的基础上，结合具体的 DBMS 特征来建立数据库的逻辑结构。对于关系型的 DBMS 来说，将概念结构转换为数据库表结构，要给出数据库表结构的定义，即定义所含的数据项、类型、长度及它们之间的层次或相互关系的表格等。

- 物理设计。物理设计就是设计数据模式的物理细节，如数据项存储要求、存取方式、索引的建立等。

3. 编写概要设计文档

按照软件工程的理念和生存周期的要求，在概要设计结束之前，需要编写概要设计文档，为后期软件实现、修改和升级打下基础，同时也为用户使用提供帮助。在概要设计阶段，主要有以下文档需要编写：

（1）概要设计说明书。

（2）数据库设计说明书。

（3）用户手册。

（4）测试计划的修订版。

4. 评审

概要设计的最后一个任务就是评审，在概要设计中，对设计部分是否完整地实现了需求中规定的功能和性能要求、设计方案的可行性、关键的处理和内外部接口定义正确性与有效性以及各部分之间的一致性等都要进行评审，以免在后续设计实现中出现大的问题而返工。

以上就是软件概要设计的 4 个基本任务，可以用 8 个字总结概括：两类结构，文档评审。

5.1.2　概要设计基本方法

软件概要设计的方法主要有结构化设计、面向对象的设计和面向数据结构的设计。本节主要介绍这几种广泛使用的概要设计方法。

1. 结构化设计方法

结构化设计方法是基于模块化、自顶向下细化、结构化程序设计等技术思想的基础上发展起来的。结构化设计方法给出一组帮助设计人员在模块层次上区分设计质量的原理与技术，与结构化分析方法衔接起来使用，以数据流程图为基础导出软件的模块结构。在设计过程中，它从整个软件的结构出发，利用软件结构图表述模块之间的调用关系。

结构化设计的步骤如下：

（1）评审和细化数据流程图。

（2）分析并确定数据流程图的类型。

（3）基于上层数据流程图映射出软件模块结构的上层框架。

（4）基于下层数据流程图逐步分解高层模块，设计中下层模块结构。

（5）对模块结构进行优化，得到更为合理的软件结构。

（6）描述模块接口。

2. 面向对象设计方法

面向对象设计方法是面向对象技术中的一个环节，是对面向对象分析的模型进行完善设计。面向对象分析方法是把问题当作一组相互作用的实体，并确定实体间的关系。而面向对象设计更多地关心对象间的协作。

面向对象设计的主要作用是对分析模型进行整理，生成设计模型，为面向对象编程提供开发依据。面向对象设计内容包括架构设计、用例设计、子系统设计和类设计等。其中，架构设计的重点在于系统的体系框架的合理性，保证系统架构在系统的各个非功能性需求中保持一种平衡；子系统设计一般是采用纵向切割，关注的是系统的功能划分；类设计是通过一组对象交互展示系统的逻辑实现。具体论述详见 7.3 节。

3. Jackson 设计方法

该方法由 M. A. Jackson 提出，其特点是从目标系统的输入、输出数据结构入手，导出程序框架结构，再补充其他细节，即能够得到完整的程序结构图。这一方法对输入、输出数据结构明确的中小型系统特别有效，如商业应用中的文件表格处理。该方法也可与其他方法结合，用于模块的详细设计。

Jackson 方法有时也称为面向数据结构的软件设计方法。该方法一般通过以下 5 个步骤来完成设计：

（1）分析并确定输入数据和输出数据的逻辑结构，并用 Jackson 结构图来表示这些数据结构。

（2）找出输入数据结构和输出数据结构中有对应关系的数据单元。

（3）按以下的规则由输入、输出的数据结构导出程序结构。

- 为每一对在输入数据结构和输出数据结构中有对应关系的单元画一个处理框。
- 为输入和输出数据结构中剩余的数据单元画一个处理框。所有处理框在程序结构图上的位置，应与由它处理的数据单元在数据结构 Jackson 图上的位置一致。必要时，可以对映射导出的程序结构图进行进一步的细化。

（4）列出对每一对输入、输出数据结构所做的基本操作以及操作的条件，并把它们分配到程序结构图的适当位置。

（5）用伪码写出每个处理框的算法。

5.2　概要设计基本原理

本节讲述在软件设计过程中应该遵循的基本原理和相关概念。

5.2.1　模块化

如前所述已知，模块是具有特定功能且可以独立存在的单元，对后期编码而言，就是程序代码和数据结构的集合体。按照模块的定义，过程、函数、子程序和宏等都可视为模块。面向对象方法学中的类是模块，类内的方法（或称为服务）也可以是模块。模块是构成软件的基本单元。

模块化就是把一个大的软件系统划分为多个模块的过程，其中的每个模块完成一个简单功能，把这些模块集成起来构成一个软件系统，可以满足用户的需求，完成指定的功能。

如果一个软件系统仅设计为由一个模块组成，它的复杂性将增加，很难被人理解，也不可能做到全面考虑。所以，在软件设计时一般要将一个大的系统基于模块化进行分解，降低软件开发的复杂度。根据人类解决问题的一般规律，模块越复杂，开发的难度也越大。具体理由论述如下。

设函数 $C(X)$ 为问题 X 的复杂程度，函数 $E(X)$ 为解决问题 X 需要的工作量（时间）。对于两个问题 $P1$ 和 $P2$ 而言，如果

$$C(P1) > C(P2)$$

显然有

$$E(P1) > E(P2)$$

根据人类解决一般问题的经验，另一个规律是

$$C(P1 + P2) > C(P1) + C(P2)$$

也就是说，如果一个问题由 $P1$ 和 $P2$ 两个问题组合而成，那么它的复杂程度大于分别考虑每个问题时的复杂程度之和。

综上所述，得到下面的不等式：

$$E(P1 + P2) > E(P1) + E(P2)$$

由此不难看出，把复杂的问题分解成许多小问题后，可以降低问题的内部复杂度，开发的工作量也同时减小，这就是提出模块化的主要原因和依据。

然而，由上面的不等式似乎还能够得出如下的结论：如果无限地分割软件，最后为了开发软件而需要投入的工作量也就小的可以忽略了。但事实上，还有另外一种情况存在，从而使得上述结论不能成立。如图 5.1 所示，当分解的模块数目增加时，每个模块的规模和开发需要的成本（工作量）虽然减小了，但是随着模块数量的增加，设计模块间接口要投入的工作量也会增加。根据这两个因素，得出了图中的总成本曲线，而交点及其附近的区域 M 即为最适当的模块分解数，使得系统开发成本达到最小，同时也体现了模块化思想。

虽然目前还不能精确地确定 M 的具体值，但是在考虑模块化的时候总成本曲线确实

是极为有用的指南，它充分反映出对一个系统进行模块分解不是无限的，也不是模块规模越小越好。能够达到内涵和作用明确，功能相对独立且完整即可。

采用模块化原理可以使软件结构清晰，不仅容易设计也容易阅读和理解。因为程序错误通常局限在有关的模块内部及模块间的接口，所以模块化使得软件功能更容易开发，同时测试和调试也变得容易，有助于提高软件的质量和可靠性。由于变动往往只涉及少数几个模块，所以模块化能够提高软件的可修改性。此外，模块化也有助于软件开发的组织管理，一个复杂的大型系统可以由许多程序员分工编写不同的模块，并且可以进一步分配高水平的程序员编写难度更高、更复杂的模块。

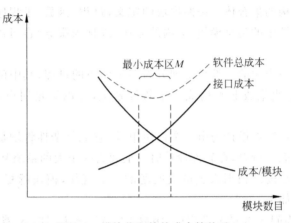

图 5.1 模块化和软件成本的关系

5.2.2 抽象

人类在认识复杂事务的过程中使用的最强有力的思维工具是抽象。人们在实践中认识到，在现实世界中一些事物、状态或过程之间总存在着某些相似的方面（或共性）。把这些相似的方面集中和概括起来，暂时忽略它们之间的差异，这就是抽象，或者说抽象就是抽出事物的本质特性而暂时不考虑它们的细节。

由于人类思维能力的限制，如果每次面临的因素太多，是不可能做出精确思维的。处理复杂系统的唯一有效方法是用层次的方式构造和分析它。一个复杂的动态系统首先可以用一些高级的抽象概念构造和理解，这些高级概念又可以用一些较通俗的概念构造和解释，如此进行下去，直至最低层次的具体元素。

软件工程过程的每一步都是对软件解法的抽象层次的一次细化。例如，在可行性研究阶段，软件作为系统的一个完整部件；在需求分析期间，软件解法是使用在问题环境内熟悉的方式描述的；当由总体设计向详细设计过渡时，抽象的程度也就随之减少了；最后，当源程序写出来以后，也就达到了抽象的最低层。

5.2.3 逐步求精

逐步求精是人类解决复杂问题时采用的基本方法，其含义为：为了能集中精力解决主要问题而尽量推迟对问题细节的考虑。这也正是结构化技术自顶向下设计思想的体现,目的是使软件工程师把精力集中在与当前开发阶段最相关的问题上,而忽略那些对整体解决方案来说虽然是必要的但目前还不需要考虑的细节,这些细节将留到以后再考虑。

逐步求精之所以如此重要,是因为人类的认知过程遵守 Miller 法则:一个人在任何时候都只能把注意力集中在 8±2 个知识块上。

软件设计过程采用逐步求精的策略,先设计出软件系统的体系结构,然后设计模块的内部结构,最后用程序设计语言实现模块的具体功能。

求精实际上是细化的过程。从高抽象级别定义的功能陈述(或信息描述)开始,也就是说,该陈述仅仅概念性地描述了功能或信息,但是并没有提供功能的内部工作情况或信息的内部结构。求精要求设计者细化原始陈述,随着每个后续求精(即细化)步骤的完成而提供越来越多的细节。

抽象与求精是一对互补的概念。抽象使得设计者能够说明过程和数据,同时却忽略低层细节。事实上,可以把抽象看作是一种通过忽略多余的细节同时强调有关的细节,而实现逐步求精的方法。求精则帮助设计者在设计过程中逐步揭示出低层细节。这两个概念都有助于设计者在设计演化过程中创造出完整的设计模型。

5.2.4　信息隐藏和局部化

应用模块化原理时需要考虑一个问题:"为了得到最好的一组模块,应该怎样分解软件呢?",信息隐藏原理指出:对于一个模块而言,其内部包含的信息(过程和数据)对于不需要这些信息的模块来说,应该是不能访问的。

局部化的概念和信息隐藏概念是密切相关的。所谓局部化是指把一些关系密切的软件元素物理地放得彼此靠近。以往在程序设计语言中学习过的函数内部变量的定义,是局部化的一个典型的例子,也是局部化的最简单应用。显然,局部化有助于实现信息隐藏。

实际上,应该隐藏的不是有关模块的一切信息,而是模块的实现细节。因此,有人主张把这条原理称为"细节隐藏"。"隐藏"意味着软件系统的功能通过定义一组独立的模块来实现,这些独立的模块彼此间仅仅交换那些为了完成系统功能而必须交换的信息。模块内包含的私有信息对其他模块来说是不可见的。

如果在测试期间和以后的软件维护期间需要修改软件,那么使用信息隐藏原理作为模块化系统设计的标准,将会带来极大好处。因为绝大多数数据和过程对于软件的其他部分而言是隐藏的(也就是"看"不见的),在修改期间由于疏忽而引入的错误对软件其他部分产生的影响也会极大减少。

5.2.5　模块独立性

模块独立性的概念是模块化、抽象、信息隐藏和局部化概念的直接结果。开发具有独立功能而且和其他模块之间没有过多的相互作用的模块,就可以做到模块独立。强调模块的独立性主要有两点理由:第一,实施模块化设计的软件容易开发;第二,独立的模块比较容易测试和维护。总之,模块独立是进行良好设计的关键,而设计又是决定软件质量的关键环节。

模块的独立程度由两个定性标准度量,即内聚度和耦合度,这两个概念是

Constantine、Yourdon、Myers 和 Stevens 等人提出来的。耦合衡量模块彼此间互相依赖(连接)的紧密程度;内聚衡量一个模块内部各个元素彼此结合的紧密程度。以下分别详细阐述。

1. 耦合度

耦合体现了一个软件内部各模块之间的关联程度。耦合强弱取决于模块间接口的复杂度,即关联的形式或接口的数据。

在软件设计中应该追求尽可能松散耦合的系统。在这样的系统中可以研究、测试或维护任何一个模块,而不需要对系统的其他模块有很多了解。此外,由于模块间联系简单,发生在一处的错误传播到整个系统的可能性就很小。因此,模块间的耦合程度极大影响系统的可理解性、可测试性、可靠性和可维护性。如果两个模块中的每一个都能独立地工作而不需要另一个模块的存在,那么它们彼此完全独立,这意味着模块间无任何连接,耦合程度最低。但是,在一个软件系统中不可能所有模块之间都没有任何连接。一般情况下,模块间存在以下 7 种形式的连接,即有 7 种耦合形式:

(1) 内容耦合:如果发生下列情形,两个模块之间就发生了内容耦合。

- 一个模块直接访问另一个模块的内部数据;
- 一个模块不通过正常入口转到另一模块内部;
- 两个模块有一部分程序代码重叠(只可能出现在汇编语言中);
- 一个模块有多个入口。

(2) 公共耦合:若一组模块都访问同一个公共数据环境,则它们之间的耦合就称为公共耦合,它又可细分为两种形式,如图 5.2 所示。公共的数据环境可以是全局数据结构、共享的通信区、内存的公共覆盖区等。

(1) 松散的公共耦合　　　　(2) 紧密的公共耦合

图 5.2　公共耦合

(3) 外部耦合:一组模块都访问同一全局简单变量但不是同一全局数据结构,而且不是通过参数表传递该全局变量的信息,则称之为外部耦合。

(4) 控制耦合:如果一个模块通过传送开关、标志、名字等控制信息,明显地控制选择另一模块的功能,就是控制耦合,如图 5.3 所示。

(5) 标记耦合:一组模块通过参数表传递记录信息,就是标记耦合。这个记录是某一数据结构的子结构,而不是简单类型的变量。

(6) 数据耦合:如果两个模块间的通信信息包含若干参数,其中每一个参数都是一个简单类型的

图 5.3　控制耦合

数据元素,这组模块间就具有耦合关系,这种耦合为数据耦合。

(7) 非直接耦合:指两个模块之间没有直接关系,它们之间的联系完全是通过主模块的控制和调用来实现的。

耦合强度,依赖于以下几个因素:

- 一个模块对另一个模块的调用;
- 一个模块向另一个模块传递的数据量;
- 一个模块施加到另一个模块的控制的多少;
- 模块之间接口的复杂程度。

模块的耦合度影响模块的独立性,耦合度越高,模块独立性越差;反之,模块独立性越强,如图 5.4 所示。

图 5.4　耦合度与模块独立性的关系

总之,耦合度是影响软件复杂程度的一个重要因素,在设计过程中应该贯彻执行下述的设计原则:尽量使用数据耦合,少用控制耦合和标记耦合,限制公共环境耦合的范围,完全不用内容耦合。

2. 内聚度

内聚度标志一个模块内各个元素彼此结合的紧密程度,它是信息隐藏和局部化概念的自然扩展。内聚有如下的 7 种形式。

(1) 偶然内聚:模块中的代码无法定义其不同功能的调用,但这些功能被汇集在一个模块内部,这种模块称为偶然内聚模块。

(2) 逻辑内聚:这种模块把几种相关的功能组合在一起,每次被调用时,由传送给模块的参数来确定该模块应完成哪一种功能。

(3) 时间内聚:把需要同时执行的动作组合在一起形成的模块称为时间内聚模块。

(4) 过程内聚:过程内聚指一个模块中各个处理元素不仅密切相关,且执行过程要遵照一定的次序。

(5) 通信内聚:通信内聚指模块内所有处理元素都在同一个数据结构上操作(有时称之为信息内聚),或者指各处理使用相同的输入数据或者产生相同的输出数据。

(6) 顺序内聚:顺序内聚指一个模块中各个处理元素都密切相关于同一功能且必须顺序执行,前一功能元素输出就是下一功能元素的输入。

(7) 功能内聚:这是最强的内聚,指模块内所有元素共同完成一个功能,缺一不可。

模块的内聚度也会影响模块的独立性,内聚度越高,模块独立性越强;反之,模块独立性越差,如图 5.5 所示。

设计时应该力求做到高内聚,通常中等程度的内聚也可以适当采用,而且效果和高内聚相差不多;但是,低内聚的模块可修改性、可维护性也差,尽可能不用。

图 5.5　模块内聚度与模块独立性的关系

内聚和耦合是密切相关的，模块内的高内聚往往意味着模块间的松耦合。内聚和耦合都是进行模块化设计时需要考虑的重要因素，但是实践表明内聚度对软件开发的效率和质量更重要，应该把更多注意力集中到提高模块的内聚度设计上。

事实上，没有必要精确确定内聚的级别。重要的是设计时力争做到高内聚，并且能够辨认出低内聚的模块，通过修改设计，提高模块的内聚程度降低模块间的耦合程度，从而获得较高的模块独立性。

5.3　结构化系统设计

结构化设计（Structured Design，SD）又称为面向数据流的设计方法，它是以需求阶段产生的数据流程图为基础，按一定的步骤映射成软件结构。结构化设计的核心是基于模块化的思想完成软件系统结构的设计。

5.3.1　软件结构图种形式

在结构化设计中，一般采用 20 世纪 70 年代中期美国 Yourdon 等提出的结构图（Structure Chart）作为软件结构的描述工具。通过软件结构图，能够体现的内容及可以使用的符号具体描述如下：

（1）模块。模块表示一个独立的功能，在软件结构图中用矩形框表示，框中要以动词和名词共同标识该模块，名字应体现该模块的功能，例如"身份验证"就是一个满足命名要求的模块名字，它能够清晰体现该模块的功能。

（2）模块的调用关系。两个模块间用单向箭头或线段连接起来表示它们的上下级调用关系。

（3）传递的信息。用带注释的箭头表示模块调用过程中来回传递的信息。如果希望进一步标明传递的信息是数据还是控制信息，则可以利用箭头尾部的形状来区分：尾部是空心圆表示传递的是数据，实心圆表示传递的是控制信息。目前一般不需要如此细分。

模块以及模块间的调用关系表示符号如图 5.6 所示。

模块间的调用关系主要有以下 3 种形式。

（1）简单调用。模块 A 调用模块 B 和 C，如图 5.7 所示。

（2）选择调用。模块 A 根据它的内部判断来决定是否调用模块 B、模块 C 或模块 D，如图 5.8 所示。

（3）循环调用。模块 A 根据它的内部条件循环调用 B、C 模块，直至满足循环终止条件为止，如图 5.9 所示。

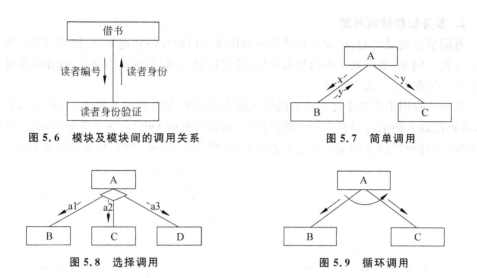

图 5.6　模块及模块间的调用关系　　　　　图 5.7　简单调用

图 5.8　选择调用　　　　　　　　　　　　图 5.9　循环调用

5.3.2　数据流程图的分类

面向数据流的设计是以需求分析阶段产生的数据流程图为基础,按一定的步骤映射成软件结构,是广泛使用的软件设计方法之一。

一般数据流程图按其结构特点也分为变换型数据流程图和事务型数据流程图两种。要把数据流程图转化为软件结构,首先必须研究数据流程图的类型。

1. 变换型数据流程图

变换型数据流程图是由输入部分、变换中心和输出部分组成,如图 5.10 所示。

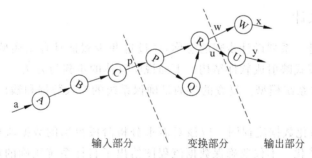

输入部分　　　　　变换部分　　　　　输出部分

图 5.10　变换型数据流程图

变换型数据处理的工作过程一般分为 3 步:获得数据、变换数据和给出数据,这 3 步体现了变换型 DFD 的基本思想。变换型数据流程图的特点是整体呈线型,各加工顺序执行无选择性。变换中心是系统的核心主加工,直接从外部输入的数据流称为物理输入,在图 5.10 中,数据流 a 为物理输入,用户最终得到的结果称为物理输出,在图 5.10 中数据流 x 和数据流 y 就是物理输出。物理输入经过输入路径上一些加工的处理,成为变换中心所需要的输入,此输入称为逻辑输入,在图 5.10 中数据流 p 就是逻辑输入;变换中心处理后的输出结果通常被称为逻辑输出,它需要经过输出路径上各加工的转换,才能变换成物理输出(用户所需要的结果),被外部实体使用,如图 5.10 中的数据流 u 和 w。

2. 事务型数据流程图

所谓事务就是引起、触发或启动某一动作或一串动作的任何数据、控制、信号、事件或状态变化。例如，实时系统中的数据采集、过程控制，分时系统中的交互，商业数据处理系统中的一笔账目、一次交易等。

数据流程图中若某个加工将它的输入流分离成许多发散的数据流，形成许多处理路径，并根据输入的值选择其中一条路径执行，这种特征的 DFD 称为事务型数据流程图，具有分析、选择处理路径的加工称为事务中心，如图 5.11 所示，加工 B 就是事务中心。

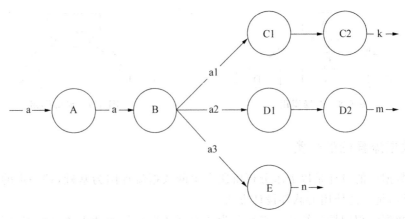

图 5.11　事务型数据流程图

各种软件系统，不论数据流程图如何庞大和复杂，一般都基于变换型和事务型两种基本结构，或者是由两种结构的组合而成。

5.3.3　变换型设计

变换型设计是一系列设计步骤的总称，经过这些步骤把具有变换型特点的数据流程图按预先确定的模式映射成软件结构。下面说明具体的步骤与方法。

（1）复查基本系统模型。复查的目的是确保系统的输入数据和输出数据符合实际的需求。

（2）复查并精化数据流程图。应该对需求分析阶段得出的数据流程图认真复查，并且在必要时进行精化。不仅要确保数据流程图给出了目标系统正确的逻辑模型，而且应该使数据流程图中每个处理都代表一个规模适中且相对独立的功能。

（3）区分逻辑输入、逻辑输出和变换中心三部分，划分数据流程图的分界线。

变换中心的任务是通过计算或者处理，把系统的逻辑输入变换（或加工）为系统的逻辑输出。当数据在系统中流动时，不仅通过变换中心完成数据的变化处理，在输入、输出的路径上，其内容和形式也可能发生变化。

例如，在图 5.12 中，逻辑输入数据流是 c 和 e，加工中心是 P、Q 和 R，逻辑输出数据流是 u 和 w。

（4）完成第一级转换，建立初始软件结构图的框架。

画出结构图的最上面的两层模块：顶层和第一层，也称为主体框架。其中，顶层只含

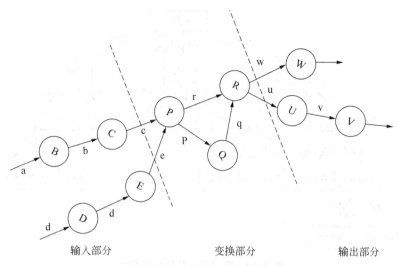

图 5.12　变换型数据流程图

一个用于控制的主模块;第一层一般包括 3 个模块:输入处理控制模块、输出处理控制模块和变换中心控制模块,图 5.12 的第一级转换如图 5.13 所示。

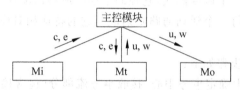

图 5.13　软件结构第一级转换

　　主控模块是抽象出来的,它位于软件结构最顶层,协调和控制下属各模块的调用。输入信息处理控制模块是 Mi,协调对所有输入数据的接收。变换中心控制模块是 Mt,管理对内部形式的数据的所有操作。输出信息处理控制模块 Mo 则负责协调输出信息的产生过程。

　　(5) 完成"第二级转换"。所谓第二级转换就是设计逻辑输入控制模块、变换中心控制模块、逻辑输出控制模块的下层模块。

　　完成第二级转换的方法是从变换中心的边界开始沿着输入通路即物理输入转换为逻辑输入的路径(在本例中是 a→c 和 d→e),把输入路径上的加工逐一映射为软件结构中 Mi 控制下的一个下层模块;然后沿输出通路即把逻辑输出转换为物理输出的路径,把输出通路中每个处理逻辑映射成直接或间接受模块 Mo 控制的一个下层模块。最后把变换中心内的每个处理映射成受 Mt 控制的一个模块。图 5.13 中数据流程图的第二级转换如图 5.14 所示。

5.3.4　事务型设计

　　事务型设计的设计步骤和变换型设计的设计步骤有共同之处,主要差别在于由数据流程图到软件结构的映射方法不同。由事务型映射成的软件结构包括接收分支、事务中心和发送分支。

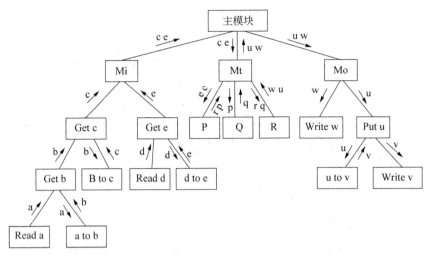

图 5.14   变换型设计软件结构图

映射出接收分支结构的方法和变换型设计映射出输入结构的方法相似，即从事务中心的边界开始，把沿着接收事务流路径上的加工处理逻辑映射成接收分支的模块。

发送分支模块包含一个调度模块，它控制下层的所有活动模块；然后把事务型数据流程图中事务中心调度的每一个活动通路映射成与它的特征相对应的变换型或事务型软件结构。

事务型设计的一般步骤如下：

（1）在数据流程图中确定事务中心、接收事务流部分（包含接收路径）和发送部分（包含全部动作路径）。事务中心通常位于数据流程图中多条路径的起点，从这一点引出受事务中心控制的所有动作路径，即为发送部分。向事务中心提供信息的是系统的接收路径，即为接收部分。图 5.15 是一个基于典型的事务型数据流程图划分边界后的数据流程图。

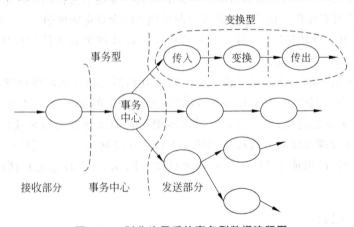

图 5.15   划分边界后的事务型数据流程图

（2）画出软件结构图的主体框架。通过把数据流程图的 3 部分分别映射为事务控制模块、接收模块和动作发送模块，可以得到软件结构图的顶层和第一层，即事务型结构图的主体框架。该框架的基本形式如图 5.16 所示。

由于事务控制模块和发送模块的功能非常单一,为降低模块间调用的成本,同时减少整体的层次,也可以把发送模块和事务控制模块合并,这样功能更集中,模块的内聚性也得到充分保证。设计出的事务型软件结构如图 5.17 所示。

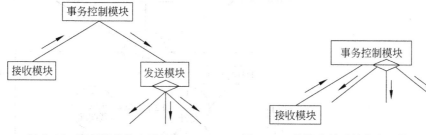

图 5.16　事务型软件上层结构　　　　图 5.17　模块合并后的事务型软件上层结构

(3) 分解和细化接收分支和发送分支,完成初始的软件结构图。接收分支如果具有变换型特性,可以按变换设计进行分解;如果具有事务型的特性,则按事务型设计对它进行分解。

根据以上方法,设计出与图 5.15 所示的事务型数据流程图对应的软件结构图,如图 5.18 所示。

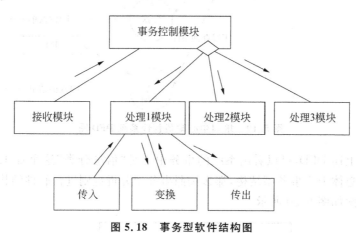

图 5.18　事务型软件结构图

范例:某培训中心要研制一个业务管理软件,其日常业务是:将学员发来的电报、信件、电话收集分类后,按以下几种不同情况处理。

- 如果是报名的函件,则将报名数据送给负责报名事务的职员,他们要查阅课程文件,检查该课程是否额满,如果学生可以报名,则在学生文件、学生选修课程文件上登记,并开出收费明细单,收费明细单经复审后发给学员,以通知学员交费。
- 如果是关于学生付款信息的函件,则需财务人员确定学费已银行到账后,在学生交费账目文件上登记,经复审后发给学员一张通知单。
- 如果是课程查询的函件,则交查询部门工作人员查阅课程文件后给出答复。
- 如果是想注销原来已选修的课程的函件,则由注销工作人员在确认相关信息后,修改学生选修课程文件、学生文件和学生交费账目文改,经审核后通知学员。

- 对一些要求不合理的函电,培训中心将拒绝处理。

该系统经过需求分析建立的数据流程图模型如图 5.19 所示。

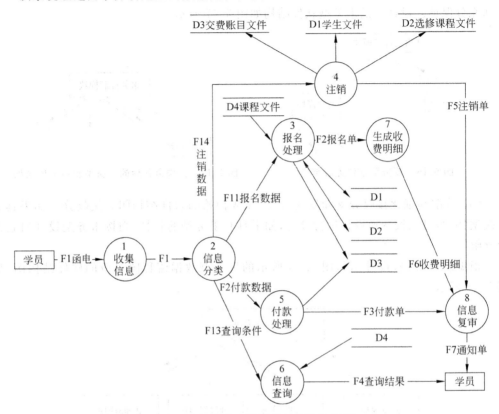

图 5.19　培训中心学员管理系统 DFD 图

通过分析上述 DFD,可以看出系统的事务中心是"信息分类"这个加工,因此可以确定数据流程图总体上为事务型结构,那么按照事务型分析规则进行软件结构的设计,该系统的软件结构图如图 5.20 所示。

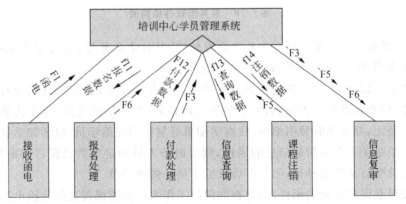

图 5.20　"培训中心学员管理系统"软件结构图

图中的数据信息 F3、F5 和 F6 的含义与图 5.19 相同,分别表示付款单、注销单和收费明细。

一般来说,一个大型的软件系统是变换型结构和事务型结构的混合体,所以在具体设计时,通常利用以变换型设计为主、事务型设计为辅的方式进行软件结构设计。

例如图 5.21 是一个综合型数据流程图的例子,其中 P1 是事务中心,P5 是变换中心,设计出的软件结构图如图 5.22 所示。

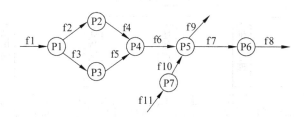

图 5.21　抽象的综合型数据流程图

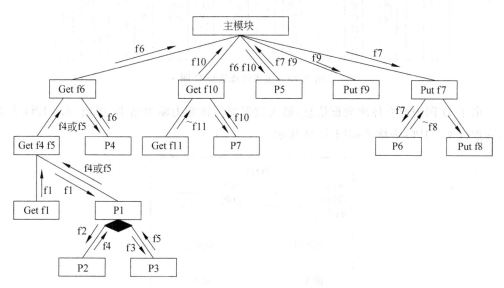

图 5.22　综合型数据流程图的软件结构

5.4　软件结构的其他描述工具 ——HIPO 图

HIPO 图是美国 IBM 公司发明的"层次图-输入/处理/输出图"的英文缩写。其中,H指的是层次图(Hierarchy 简称 H 图),用来标识基于模块逐级调用的软件结构,IPO 指的是输入/处理/输出表(简称 IPO 表),用来定义模块的输入(Input)、处理(Process)、输出(Output)。

在外形上，H图与软件结构图有相似之处，都是由模块组成，体现功能的划分，但是H图中不体现模块调用时的数据流、控制流等接口数据。图5.23是一个销售管理系统的H图，该图反映了该销售系统所包含的主体功能模块的设计以及各主体功能具体的模块细化的结果，对于功能实现过程中涉及的数据则未做描述，系统的功能组成更突出，图面更清晰。因此，H图通常用于概要设计文档中软件的层次结构的说明。

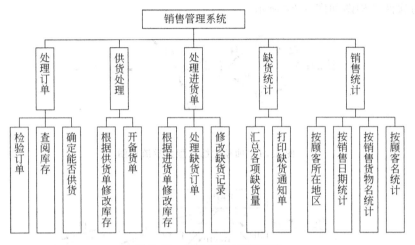

图5.23　销售管理系统H图

由于H图中没有体现数据信息，输入数据如何转变为输出结果，可以利用IPO表进行详细说明。IPO表格式如图5.24所示。

图5.24　IPO表的定义

其中，被调用和调用内容指该IPO表所描述的模块的上级模块名和本模块中调用的下级模块名。

5.5　软件结构的优化准则

由于使用变换型设计或事务型设计从数据流程图导出系统结构图的过程中,精力通常都集中于逻辑功能的转换以及模块的确定上,而疏于模块层次关系、整体结构与调用关系的合理性考虑。因此,在初步得到软件系统结构图后,需要进行一系列的改建和优化,确保系统各模块的独立性,减少重复开发。对软件系统结构图的改进主要遵循以下优化准则。

1. 改造软件结构图,降低耦合度,提高内聚度

设计出软件的初步结构以后,应该审查分析这个结构,通过模块的分解或合并,力求降低模块间的关联,加强模块内部的紧凑性,即提高内聚度,耦合降低度。

2. 避免高扇出,并随着深度的增加,力求高扇入

扇出是指一个模块的直接下属模块的个数。一般情况下扇出过大,意味着模块的复杂度较高,或模块划分过于细碎,会导致模块间的调用成本增加;但扇出过小(例如总是1)也不好,有两种潜在可能,一是模块划分过粗,二是本身内容就比较简单。因此,当扇出过大时,可以采取适当增加中间层次的模块,扇出较小时,需要仔细研究模块的功能,可以把下级模块进一步分解成几个子功能模块,或者直接合并到它的上级模块中去,从而降低调用成本。

扇入是指直接调用该模块的上级模块的个数。扇入大则表示模块的复用程度高,这是设计软件结构时最提倡的,同时也有利于降低重复开发。

随着扇入、扇出的调整,软件结构的整体宽度和深度也会发生相应的变化,从而避免单纯的横向平铺(如图 5.25 所示)导致扇出过大或纵向深入(如图 5.26 所示)导致扇出过小而深度无限增加的结果出现。图 5.27 所示的系统结构为比较理想的设计结果。

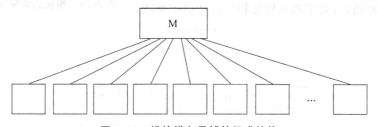

图 5.25　模块横向平铺的组成结构

3. 模块的作用范围应在控制范围之内

模块的控制范围包括它本身及其所有的从属模块。模块的作用范围是指模块内若含义一个判定,则凡是受这个判定影响的所有模块都属于这个判定的作用范围。如果一个判定的作用范围包含在这个判定所在模块的控制范围之内,则这种结构是简单的,否则,它的结构过于复杂,不利于实现。

图 5.28 表示了作用范围可能的四种关系,其中黑色的小菱形表示判定,带斜线的模块组成该判定的作用范围。图 5.28(a)是最差的情况,其中模块 B2 的作用范围(模块 A)

不在其控制范围（模块 B2）内，因为判定的作用范围不在模块的控制范围之内。B2 的判定信息只有经过 B、Y，才能转给 A，以致增加了模块间的耦合并降低了效率。图 5.28(b)决策控制是在顶层模块，其作用范围模块(A、B2)在控制范围内，但是从决策控制模块到被控模块之间相差多个层次，图 5.28(c)和图 5.28(d)比较合适，其中图 5.28(d)为最好。

4. 模块的大小要适中，且功能可预测

模块的大小，可以用模块中所含语句数量来衡量。把模块的大小限制在一定的范围之内，可以提高模块的可理解性和可阅读性。经验表明，通常语句行数最好在 30～50 行左右，最多保持在一页打印纸之内，这样，模块功能最容易阅读理解和修改。

一个模块只处理单一的功能，这样模块能体现出较高的内聚性，且根据输入能很容易地预测输出结果。

5. 降低模块接口的复杂程度和冗余程度，提高一致性

模块接口上应尽可能传递简单数据，而且传递的数据应保持与模块的功能相一致，与模块功能无关的数据绝对不要传递。

6. 尽可能设计单入口和单出口的模块

所谓单入口、单出口是指为了保证开发程序的质量，要求过程中的数据流控制是必须在固定的程序段入口进入，固定的出口返回。单入口和单出口的模块能有效地避免内容耦合，为实现结构化程序设计奠定基础。

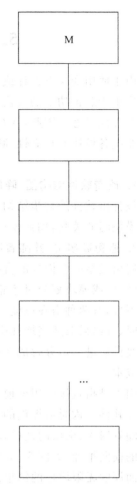

图 5.26 模块纵向深入的组成结构

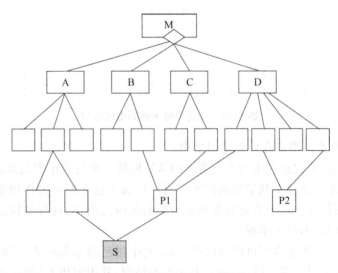

图 5.27 理想的模块组成结构

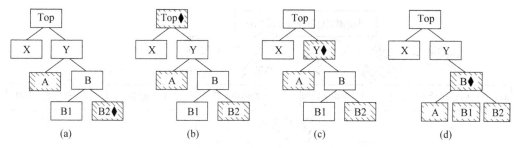

图 5.28　模块的作用范围与控制范围

以上列出的启发式规则多数是经验规律,对改进设计、提高软件质量,有重要的参考价值;在软件设计时可以参考以上优化准则对软件结构进行优化。

5.6　结构化设计综合举例

下面将分别使用 HIPO 图里的 H 图和结构图表示第 4 章中的综合案例体能测试软件的结构,用 IPO 表格来表示每个模块的定义。

1. 软件结构

根据本书第 4 章的体能测试管理与分析系统需求分析的结果,设计出管理员功能、学生功能模块和教师功能模块等,如图 5.29 和图 5.30 所示。

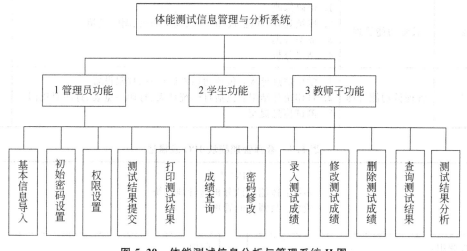

图 5.29　体能测试信息分析与管理系统 H 图

2. 模块描述

体能测试信息分析与管理系统 H 图模块描述如表 5.1 所示。

3. 模块说明

下面用 IPO 表来描述教师功能管理模块及其子模块的接口等信息。

(1) 教师功能管理,其 IPO 表如表 5.2 所示。

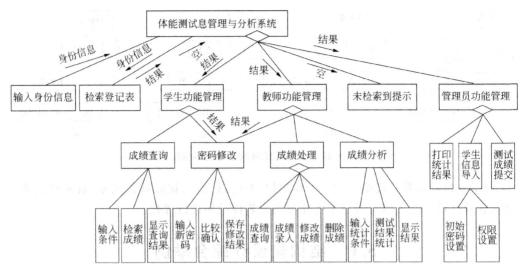

图 5.30　体能测试信息分析与管理系统结构图

表 5.1　体能测试信息分析与管理系统 H 图模块描述

模块编号	模块名称	子模块功能简述	备注
1	学生功能管理	1. 成绩查询 2. 密码修改	
2	教师功能管理	1. 密码修改 2. 成绩处理：包括成绩录入、成绩修改、删除成绩 3. 成绩查询 4. 结果分析	
3	管理员功能管理	1. 学生信息导入：包括初始密码设置、权限设置 2. 打印统计结果：包括打印统计表、打印一览表、打印对比图 3. 测试信息提交	

表 5.2　教师管理模块 IPO 表描述

IPO 表

系统：体能测试分析与管理系统

模块：教师功能管理

被调用：
　　体能测试信息分析与管理系统

调用：
1. 密码修改
2. 成绩查询
3. 成绩处理：包括成绩录入、成绩修改、删除成绩
4. 结果分析

续表

输入： 用户选择	输出： 各功能模块具体操作界面

处理：

根据用户的输入选择调用下面的模块：
- 用户输入 1：调用"密码修改"子模块；
- 用户输入 2：调用"成绩查询"子模块；
- 用户输入 3：调用"成绩处理"子模块；
- 用户输入 4：调用"成绩分析"子模块。

局部数据元素：
功能选项

（2）成绩录入，其 IPO 表如表 5.3 所示。

表 5.3 成绩录入模块 IPO 表描述

IPO 表

系统：体能测试分析与管理系统

模块：成绩录入

被调用： 成绩处理	调用： 测试成绩录入页面
输入： 班号、学号、项目名、成绩	输出： 保存成功提示或成绩不能录入或无此学生

处理：

1. 输入学生班级、学号信息；
2. 读取学生的基本信息；
3. 信息有效，则输入测试项目、测试结果，并确认保存；无效，则提示无此学生。

局部数据元素：
测试信息（学号，项目名、成绩、测试时间，测试人）。

本 章 小 结

本章主要介绍了软件概要设计的基本理论。软件概要设计的主要任务是设计软件系统的总体结构。在进行概要设计时要遵循模块独立性原则，设计低耦合、高内聚的模块，模块间的接口尽量简单，并且应采用自顶向下、逐步求精的设计方法。抽象和求精是解决复杂问题的有效方法。

作为软件结构的描述工具，软件结构图、HIPO 图各有特点，其中结构图不仅体现功能模块及其关系，而且还能够体现与模块相关的数据；HIPO 图则由 H 图和 IPO 表共同组成，这些描述工具都是从功能模块的角度描述软件结构，是结构化技术进行系统设计的重要成果。软件结构图中的每个功能模块都应该追溯到需求分析的逻辑功能说明。

若采用结构化技术进行软件结构设计，这需要从数据流程图的分析着手进行，数据流程图的类型主要有变换型和事务型两种，针对数据流程图结构的不同，设计软件结构需要分别采用变换型设计和事务型设计。

概要设计的目的是站在全局的角度对软件结构进行设计和优化，使软件质量得到保证。

习　　题

1. 什么是软件概要设计？该阶段的基本任务是什么？

2. 简述软件设计的基本原理。

3. 模块与函数是完全相同的概念吗？请解释说明。

4. 什么是模块间的耦合性？有哪几种耦合性？简述降低模块间耦合度的方法。

5. 模块的内聚性程度与该模块在软件结构中的位置有关系吗？说明你的论据。

6. 影响模块独立性的因素有哪些？如何设计才能够提高独立性？

7. 变换分析设计与事务分析设计有什么区别？简述其设计步骤。

8. 模块化与逐步求精、抽象等概念之间有什么联系？

9. 完成良好的软件设计应遵循哪些原则？

10. 如何将一个纵向深入的模块组成结构调整为层次简单且调用关系更加清晰合理的结构图？

11. 奖学金评定子系统有如下功能要求：

（1）确定奖学金的等级与标准；

（2）绩点的统计：根据一学期各科考试成绩计算绩点并保存；

（3）统计奖学金：根据绩点进行奖学金的计算、评定，并保存评定结果；

（4）打印奖学金评定结果清单。

　　试根据上述要求画出该子系统的数据流程图,并根据其数据流图的类型转换出相应的软件结构图。

　　12. 根据第 4 章的习题 8,画出软件结构图。

　　13. 根据第 4 章的习题 9,画出软件结构图。

　　14. 结合第 4 章的习题 11 所确定的高考报名系统,画出模块图,并遵循优化准则进行结构优化。

第6章

详细设计与编码实现

软件详细设计是结构化软件设计过程的重要阶段,在概要设计之后进行,旨在确定每个模块的具体实现算法和局部数据结构,并使用软件工程方法表示算法和数据结构等细节。

本章要点:

- 详细设计的任务;
- 结构化软件设计中详细设计的常用工具;
- 人机界面设计;
- 编码原则;
- 程序设计语言选择。

6.1 详细设计的基本任务

详细设计阶段的主要目标是确定如何具体实现所要求的软件系统。经过这个阶段的设计工作,应该得出对目标系统的精确描述,是对模块实现的过程设计(数据结构+算法),以确保在编码阶段,程序员能够根据这些精确描述,直接翻译成用某种程序设计语言书写的源代码。

详细设计阶段的任务不是具体地编写程序,而是要给出程序的设计思路。从软件开发工程化的角度看,在进行程序编码以前,需要明确各项功能所采用的算法,给出明确且清晰的表述,为编码实现打下基础。因此详细设计的结果基本上决定了最终的程序代码的质量。

对于软件开发来说,衡量程序的质量优劣不仅要看它的逻辑是否正确、功能是否满足要求,还要看它是否容易阅读和理解。因此,详细设计既要注重在逻辑上正确地实现各模块的功能,又要在过程设计上尽可能简明易懂。

6.2 详细设计的常用工具

详细设计的常用工具是用来描述程序处理过程、表达设计过程规格说明的,它们通常可以分为以下几种类型。

(1)图形工具:把软件执行的细节以图形方式进行描述。

(2)表格工具:用一张包含系统输入、处理及输出信息的表格体现处理过程的细节。

（3）语言工具：用某种语言（伪码）来描述软件执行过程的细节。

6.2.1 程序流程图

程序流程图（Program flow chart）又称为程序框图，是历史最悠久、软件开发人员使用最广泛的、用于描述模块内部执行算法的设计工具，具有直观、清晰、易于学习等特点，然而也被用得最混乱。故必须要明确每种程序流程图的控制结构。

最初，程序流程图的符号和描述方式比较杂乱，直接导致最终编写出的程序逻辑结构不清晰。1966 年，Bohm 和 Jacopini 提出 3 种基本控制结构，用于实现任何单入口和单出口的程序，由此也奠定了结构化程序设计的思想基础。

这 3 种结构是"顺序""选择"和"循环"，相应的流程图形式如图 6.1 所示。

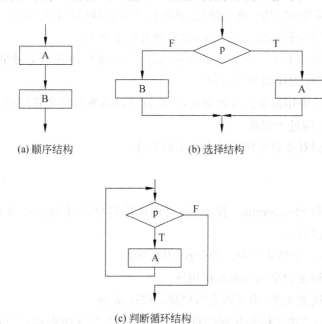

(a) 顺序结构　　　(b) 选择结构

(c) 判断循环结构

图 6.1　三种基本控制结构的流程图

结构化程序设计的经典定义如下：如果一个程序的代码块仅仅通过顺序、选择和循环这 3 种基本控制结构进行连接，并且每个代码块只有一个入口和一个出口，则称这个程序是结构化的。结构化程序设计强调尽可能少用 GO TO 语句，通常采用单入口、单出口的控制技术。少用 GO TO 语句的目的是使程序代码容易阅读和理解，避免执行流程上造成逻辑混乱。但是在某些情况下还需要使用 GO TO 语句，例如在正常执行程序的过程中遇到问题，需要跳转到出错处理和退栈溢出等，此时使用 GO TO 语句，可以提高程序的运行效率。

除上述 3 种控制结构以外，还有两种扩展的程序设计结构，即后判断循环结构和多分支选择结构，其流程图分别是图 6.2(a)和图 6.2(b)。

对于一个逻辑处理较为复杂的程序，在其执行过程中若需要立即从循环、特别是嵌套

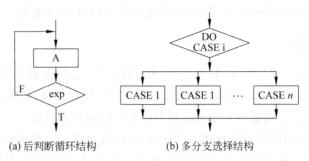

(a) 后判断循环结构   (b) 多分支选择结构

图 6.2　两种扩展结构

的循环中直接退出来，即可以使用 break 语句实现。该语句实质上是受限制的 GO TO 语句，目的是转移到循环结构后面的语句，从而能够极大地提高程序效率。

随着人们对程序流程图的广泛使用，也发现有以下缺点：

（1）程序流程图从本质上不是逐步求精的好工具，容易使程序员过早地考虑程序的控制流，而不去考虑程序的全局结构。

（2）程序流程图中用箭头代表控制流，程序员可以不顾结构化程序设计的原则，随意转移控制，使程序结构过于混乱。

（3）程序流程图对于数据结构的表示不够专业。

6.2.2　盒图

盒图由 Nassi 和 Shneiderman 提出，是遵循结构程序设计思想的图形工具，又称为 N-S 图，它具有下述特点：

（1）功能域（即一个特定控制结构的作用域）明确。

（2）易于确定局部和全局数据的作用域。

（3）易于表现嵌套关系，也可以表示模块的层次结构。

图 6.3(a)～(f)给出了结构化程序设计控制结构的 N-S 图表示，也给出了调用子程序的 N-S 图表示方法。

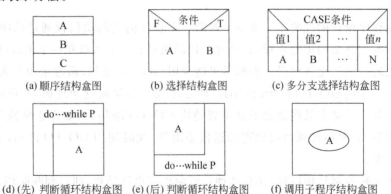

(a) 顺序结构盒图　　(b) 选择结构盒图　　(c) 多分支选择结构盒图

(d)(先) 判断循环结构盒图　(e)(后) 判断循环结构盒图　(f) 调用子程序结构盒图

图 6.3　N-S 图的五种表示形式

6.2.3 PAD 图

PAD 是问题分析图(problem analysis diagram)的英文缩写,由日本日立公司于 1973 年发明,以二维树型结构来表示程序的控制流。PAD 图具有 6 种基本控制结构,图 6.4 (a)~(g)给出 PAD 图的基本符号。

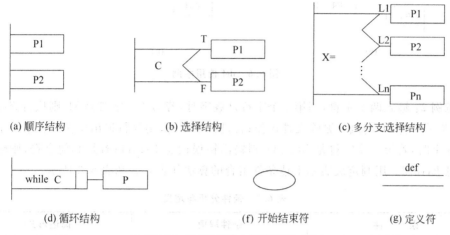

(a) 顺序结构   (b) 选择结构   (c) 多分支选择结构

(d) 循环结构   (f) 开始结束符   (g) 定义符

图 6.4   PAD 图的六种表示形式

范例 1:图 6.5 是计算 s=1+3+5+…+100 的程序执行过程的 PAD 图表示结果。

PAD 具有非常突出的优点。

(1)程序结构清晰,层次分明。以最左面的竖线作为主线,自上而下、从左向右逐渐延伸。

(2)既可用于表示程序逻辑,也可用于描绘数据结构。

(3)利用 def 符号,充分支持并实现了自顶向下、逐步细化求精的思想,如图 6.6 所示。

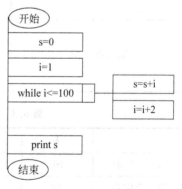

图 6.5   PAD 图举例

6.2.4 判定表与判定树

判定表和判断树能够清晰地表示复杂的条件组合与应做动作之间的对应关系。

一张判定表由 4 部分组成,即条件定义、动作定义、条件取值及条件对应的动作结果。其中,左上部列出所有条件定义,左下部是所有可能做的动作定义,右上部是表示各种条件或条件组合的一个矩阵,右下部是和每种条件或条件组合相对应的动作结果,具体如表 6.1 所示。

表 6.1   判断表结构

条件定义	各种条件或条件取值的组合矩阵
动作定义	在各种条件取值或条件取值组合下执行的动作

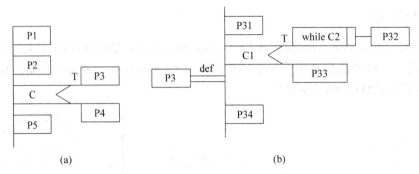

图 6.6   def 使用举例

范例 2：输入两个字符，当第 1 个字符是数字时，若第 2 个字符是 M，则执行修改文件操作；若是字符 D，则执行删除文件操作；若是其他字符，则执行退出操作。若第 1 个字符为非数字时，若第 2 个字符是 M 或 D，则输出错误信息 Error1；若是其他字符，则输出错误信息 Error2。用判定表表示上述条件组合的算法如表 6.2 和表 6.3 所示。

表 6.2   条件分析与定义

条　　件	条件取值	简述形式
第一个字符	数字	S1
	非数字	S2
第二个字符	M	
	N	
	其他字符	F

表 6.3   用判断表表示条件组合相对应的算法

	1	2	3	4	5	6
第一个字符	S1	S1	S1	S2	S2	S2
第二个字符	M	D	F	M	D	F
修改文件	√					
删除文件		√				
退出			√			
Error1				√	√	
Error2						√

从上面实例可以看出，判定表能够毫无歧义地描述判断条件与处理结果的对应关系，但是，由于对于处理过程的顺序性和重复处理的特性，该表格却没有清楚地体现，而且由于判断表的可理解程度随数据元素值的不断增多将逐步下降，同时处理条件的多样性，也会导致表格的描绘过于复杂、麻烦，因此，判定表对于结构化程序设计而言，没有完全达到

前导基础的作用,而判定树能够清晰地弥补这一不足。图 6.7 是与表 6.3 等价的判定树。

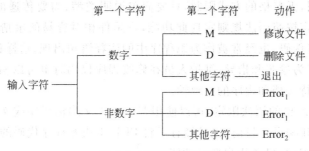

图 6.7　用判定树表示

从图 6.7 中可以看出,判定树用内部结点表示条件定义,用叶子结点表示动作,可扩展性比较高,因此是一种常用的软件开发分析和设计的工具。

6.2.5　过程设计语言的使用

过程设计语言(Process Design Language,PDL)也称为程序描述语言(Program Description Language),是一种用于描述模块算法设计和处理细节的语言,与高级程序设计语言的基本结构很类似,所以又称为伪码,目前已经成为软件详细设计阶段对复杂模块进行算法描述的重要工具。

PDL 是自然语言与计算机语言语法规则的恰当结合,使用结构化程序设计的标准结构,数据定义和表达式等的描述延续了高级语言的关键字的要求,例如,运算符只能用关系运算符($>$、$<$、$=$、…)、算术运算符($+$、$-$、x、/)、逻辑运算符(and、or、! $=$)、if…else、for、while…。对数据的说明既包括简单的数据结构(例如简单变量和数组),又包括复杂的数据结构(例如链表或层次的数据结构)。

编写 PDL 时,通常以系统开发选定的高级语言作为参照,书写形式与其基本一致,只是没有严格的语法限制。

范例 3:针对图 6.7 所描述的判定树编写的伪码如下。

```
定义 char1,char2 二个变量;
input char1;
input char2;
if(char1 为 0-9 间的字符)
    if(char2 值='M')
        do 修改文件();
    else  if(char2 值='D')
            do 删除文件();
    else  do 退出();
else  if(char1 值='M' or char1 值='D')
        do 输出信息("Error1");
else  do 输出信息("Error2");
end
```

上述 PDL 中的每一行描述不仅意义明确，而且逻辑思路简洁、清晰，变量、子模块或函数的定义与调用，无严格的方式限制，只要简单说明类型、需要传递的参数即可。在此基础上，用编程语言按照语法规则实现此功能，将是件相对容易的事情。有鉴于此，PDL不仅可以用于编写伪码，也经常被作为源程序中的注释语句出现，这样程序员在编写程序时可以直接以其作为参照和指导，维护人员在修改程序代码时也可以相应地修改 PDL 注释，由此有助于保持文档和程序的一致性。

此外，PDL 无严格的语法限定，可以使用普通的正文编辑程序或文字处理软件，直接完成 PDL 的书写和编辑。目前，也已经有了将 PDL 生成源程序代码的自动处理程序。

范例 4：利用 PDL 描述用户登录功能。

```
int 次数=5
打开用户表
显示登录界面
while(次数>0)
    输入用户名和密码
      在用户表中进行检索
    if  (未检索到)          //登录名和密码 错误
        提示"输入错误,按任意健重新输入"
        次数-1;
        登录页面刷新;
    else  break;
    end if
endwhile
if (次数>0)进入系统主页面;
else  提示"对不起,你无资格进入系统…"
end if
```

6.3 人机界面的设计

人机界面（Human-Computer Interface，HCI）通常也称为用户界面（User Interface，UI），是计算机与操作人员之间的交流途径，是计算机系统的重要组成部分，其开发工作量一般占系统开发总量的 $40\sim60\%$，大家经常使用的 Windows 系统的界面设计投入的工作量几乎占比达到 80%。一个软件系统的人机界面设计是系统的外包装，是接口设计的一个重要组成部分，对于交互式系统来说，人机界面设计和数据结构设计、体系结构设计及过程设计同等重要，用户的主观满足度可以得到充分保证，同时也可以极大提升使用率和业务量，而后期维护的成本能够得到极大降低。

20 世纪 80 年代开始，学术界在此方面做了大量深入的研究，以人机界面为起点，进行了深度和广度的延展，提出了"人机交互"（Human-Computer Interaction，HCI），并建立人机交互学科，其主要观点是交互设计不仅是程序和用户之间的接口设计，同时也包括功能、行为和最终展示形式的设计，是一个涉猎心理学、社会学、计算机科学、商务知识和美工设计等多方面知识的学科。目前为止,人机交互学科已经推出相关的理论体系和实践范畴架构,且在各种项目的开发设计中得到应用。

6.3.1　人机界面一般风格

由于受传统观念的影响,人机界面在过去一直不被重视,软件开发人员普遍认为评价一个应用软件质量高低的唯一标准是看它是否具有强大的功能,能否全面帮助用户完成他们的业务工作。但是近 10 年来,随着计算机和自动化办公的广泛展开,特别是游戏等娱乐软件的推广使用,人们对软件的认知以及软件的可操作性和舒适度等方面的要求都在不断提高,除期望所用的软件拥有强大的功能,可以解决尽可能多的问题以外,更期望软件能够为他们提供一个轻松、愉快、视觉良好的操作环境,而游戏软件的操作交互更应具有刺激性和挑战性。由此,纵观软件系统的人机界面操作风格,大致可以分为三类:

(1) 命令行方式。目前在 Windows 系统中,打开"开始"菜单后,单击"运行"在随后的输入域中键入 cmd 并按回车,之后进入的界面即为命令行的显示方式。如图 6.8 所示。此方式对于专家(专业技术人员)而言提供了快速执行任务或测试某个功能的便利,同时能够节省系统资源,但对于一般用户而言造成操作上的麻烦和记忆负担,且容易出错误。

图 6.8　命令行方式的操作界面

(2) 文本式菜单输入选项的方式。如图 6.9 所示。此方式相比命令行操作,可执行的操作功能更直观,且各项功能具有自解释性,用户不容易出错,但功能复杂的系统需要设计多级菜单,操作要逐级通过屏幕切换才能够显示并执行,枯燥、死板、效率低、成本高。

(3) 面向窗口的点选方式(Point and Pick Interface),亦称 WIMP 界面,是随着硬件技术的发展,特别是鼠标的出现而推出的,由窗口(Windows)、图标(Icons)、菜单(Menus)、指示器(Pointing Device)四位一体共同组成,即我们所说的桌面(Desktop)风格,如图 6.10 所示。20 世纪 80 年代苹果公司首先引入 WIMP 技术。之后,微软的Windows 系统将该方式得到极大的推广和普及,直到目前一直是流行的界面形式。这种方式引入了图标、按钮和滚动杆技术,可以通过单击鼠标左、右键,显示不同种类的信息和控制操作,用户不仅可以在多个窗口中进行不同的操作,且能够方便地切换,操作感觉与

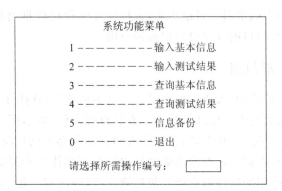

图 6.9　文本式菜单选项界面

之前的命令行方式和文本式菜单输入选项的方式完全不相同,窗口和图标的设计更随意、绚丽多样,展示效果更有活力,操作更有动感和立体感,用户和系统的交互效率得到极大提高,但需要用户对图标的内涵有清楚的了解。

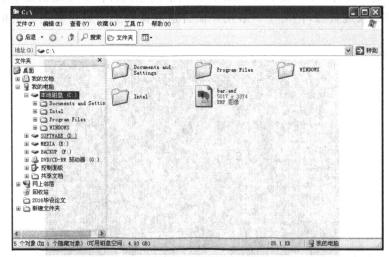

图 6.10　窗口式控制界面

（4）多通道智能人机交互界面，是新一代人机交互界面方式。基于视线跟踪、语音识别、手势输入、感觉反馈等新的交互技术，实现了科学计算可视化、虚拟现实等效果，允许操作人利用多个通道与计算机系统进行交互。对于肢体行动不方便的用户，此界面的推出使他们操作和使用计算机的便利性和效率得到了极大的保证。

6.3.2 人机界面设计原则及相关问题

由于人的记忆空间和能力是有限的，开发软件的目的之一就是将过去大量人工记录的信息改为存储在计算机系统内部，用户可以在任何时刻从中读取出自己所需要的内容。人机界面则是用户与系统进行交互和数据传递的窗口，对交互式系统而言，人机界面设计与系统的体系结构设计和数据结构的设计同等重要，用户的体验感受直接影响对系统的评价。

人机界面设计的质量与设计者的经验有直接的关系，为了获得良好的结果，Ben Shneiderman 曾经提出了 8 条界面设计规则，也被业界称为"黄金规则"，具体内容如下：

（1）保持界面的一致性。一个系统内同层界面的设计和操作方法，应该尽可能保持一致，包括颜色、字体、布局方式等。

（2）符合普遍可用性。要充分了解并高度重视用户的感觉、用户的类型和用户的习惯这 3 个重要因素，对不同能力和需求的用户，要提供不同的操作方式和内容，设计出人性化的界面，使用户在使用过程中自然产生"这正是我所想、我所要"的感觉。

（3）提供信息丰富的反馈。

（4）设计执行状态说明对话框。每个操作在执行过程中和运行结束后，应该有相应的提示说明，让用户清楚当前的进程状态，以便选择后续操作。

（5）提供错误的预防、校验和处理的控制。

（6）提供撤销操作的控制，且要简单，保证用户快速撤销当前执行功能，回复到之前的状态。

（7）提供内部灵活的操控，以满足一些用户对界面操作的控制欲，并允许用户中途退出。

（8）减少用户的记忆负担。指每个界面中显示的内容不要过多，且应该精炼、清晰。

在界面设计的过程中不仅要遵守上述规则，在保证基本功能正常运行的前提下，还需要考虑如下问题。

（1）标签提示与后面显示或输入的内容要保持一致，以便用户正确理解并能够做出合理的响应。

（2）系统响应时间不能过长。响应时间指从用户利用计算机系统执行某个控制动作（如按回车键或单击鼠标）到软件做出响应（期望的输出或动作）的时间。

（3）对于对系统会产生严重影响或破坏的操作（如删除数据），要设置确认环节予以控制。

（4）设置错误提示与相应的处理建议和方法。以用户可以理解的术语描述，不能含有指责性的词汇；显示方式可以采用伴随警告声、闪烁或明显的颜色对比等。

（5）设置恰当、实用的帮助信息与显示方式。常见的帮助可分为集成的和附加的两类。集成式帮助被设计在软件中，它与语境有关，上下文敏感，通过集成帮助可以缩短用户获得帮助的时间，增加界面的友好性，是软件供开发者使用的。附加式帮助是在系统开发完成以后再加进去的、用于指导用户操控和使用软件的用户手册。无论哪种帮助，均可以采用同步单击输出，或者专门的菜单、特殊功能键等方式显示。

无论设计的软件系统应用于哪个领域或部门，在设计人机界面时都应充分考虑用户的特点、能力和要求，应该力求做到可用、灵活且可靠。只有这样，才能初步保证用户对未来的软件产品能给予良好的评价，使软件产品具有一定的竞争力。

6.3.3　人机界面设计过程

人机界面设计的过程可以分为以下基本步骤：

（1）明确用户特点和需求。这是人机界面设计重要的起点。判断一个系统的优劣在很大程度上取决于未来用户的使用评价，所以要高度重视用户对系统人机界面部分的需求。通过对用户特性分析（包括年龄、性别、健康状况、文化程度、种族特点、个性、职务等），做到对用户全面的了解，这对于以后的工作进度也是有极大的帮助。

（2）创建系统功能的外部模型。

（3）定义功能和数据元素，确定输入方式与定位。

（4）选择合适的工具进行界面原型设计，但原型设计必须满足以下要求：

- 原型设计必须可以实际运行，体现或反映最终系统设计的基本特征功能框架。
- 一个原型系统可以按其构成的目的有所侧重。如果原型系统侧重于人机界面功能，只允许让原型系统能完成界面的人机交互功能，可以不必执行有界面控制的实际系统应用功能。
- 原型系统直观性要好，易于被理解，使用户及设计者可以对它提出评价和改进意见。

6.4　详细设计综合举例

下面是在第5章的基础上，完成该系统的详细设计的部分结果描述。

6.4.1　人机界面

1. 登录页面

系统登录页面如图6.11所示，用户首先选择身份，然后需要输入用户名、密码项，当用户确认输入无误后，可单击相应按钮，进入相应的业务界面。

图6.11　系统登录界面

2. 教师角色主页面

以教师身份进入系统后，可以完成对学生基本信息的录入和成绩的录入。单击选项卡可以实现身高、体重等基本信息的录入及各项测试成绩的录入等功能，如图6.12所示。

3. 密码重置界面

执行此操作,可以让学生、教师、领导等各种角色在第一次进入系统后完成原始密码的修改重置,界面如图 6.13 所示。

图 6.12 基本信息录入功能界面

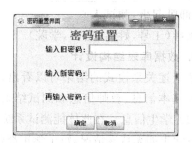

图 6.13 密码重置界面

6.4.2 数据库表设计

软件系统的数据库设计是指对于一个给定的应用环境,构造最优的数据库模式,建立数据库,使之能够有效地存储数据,满足各种用户的应用需求,包括信息要求和处理要求,为系统功能代码的运行提供数据源和结果的存储目的地。

1. 数据库概念结构设计

指设计人员通过对用户需求进行综合、归纳与抽象,得到用户所需的信息结构的过程。通常用 E-R 模型表示。

"体能测试管理与分析系统"的数据库概念结构 E-R 模型如图 6.14 所示。

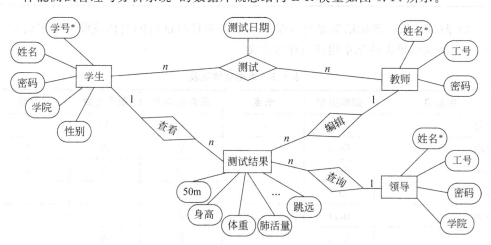

图 6.14 体能测试管理与分析系统 E-R 模型

2. 数据库逻辑结构设计

为了能够用某一数据库系统实现用户需求,必须将概念结构进一步转化为相应的数据模型,这是数据库逻辑结构设计所要完成的任务。

基于上面概念结构设计阶段构建的 E-R 模型,按照设计规则,转换为关系模型,形成最优的关系模式,为关系型数据库的创建奠定基础。具体实现如下:

学生基本信息(<u>学号</u>,姓名,性别,学院,密码,备注)

教师基本信息(<u>工号</u>,姓名,密码,备注)

测试结果(<u>学号</u>,<u>测试日期</u>,身高,体重,肺活量,跳远,500m,800/1000,体前屈,引体向上/仰卧起坐,测试人)

领导(<u>工号</u>,姓名,密码,学院)

3. 数据库表结构设计

从上述关系模式的结果可以看出,本体能测试系统涉及的数据并不是很复杂,主要包括学生基本信息、教师信息和测试结果等。下面将对数据表的结构设计进行详细描述。

(1)学生信息。在此体能测试系统中,所有任务的设置与执行都是以学生为出发点,而且每位学生如无特殊情况,每个学年都要参加一次测试。全校有若干名学生,只要能保证身份合理,避免混乱和数据的恶意破坏。表6.4为学生基本信息表的基本组成与详细定义。

表6.4　学生基本信息表

字段名	数据类型	长度	是否允许空	是否主键	说明
学号	string	11	否	是	
姓名	varchar	20	否	否	
性别	char	1	否	否	
密码	string	20	否	否	
学院	varchar	10	否	否	
备注	varchar	20	是	否	

(2)测试结果。测试结果是每位学生参加各项目测试后的具体成绩或结果的记录。表6.5为测试结果表的基本组成与详细定义。

表6.5　为测试结果表

字段名	数据类型	长度	是否允许空	是否主键	说明
学号	string	11	否	是	
身高	float		是	否	无
体重	float		是	否	无
肺活量	int		是		
跳远	float		是		
50m	float		是	否	无
800/1000	float		是	否	无
体前屈	int		是		
引体向上/仰卧起坐	int		是		
测试人	string	9	否	否	工号,外键
测试日期	date		否	是	

6.4.3　模块设计

"体能测试管理与分析系统"主要包括系统登录管理、密码重置、成绩处理、成绩查询和数据维护等功能模块,这里仅对部分功能模块的详细设计内容进行描述。

6.4.3.1　系统登录管理模块详细设计

1. 功能描述

本模块用于各类人员进入系统的安全控制,无论是学生、教师还是领导,若要操控系统各功能,都必须输入用户名和密码,并选择相应的身份进行识别验证,其他人员则无权使用本系统。输入内容验证正确,则进入系统主界面,并对系统进行相应操作;反之,显示没有该用户或密码错误,返回登录界面。

2. 性能要求

本模块不仅用于核实用户名和密码,防止冒名进入,而且还将根据所选择的身份进入不同的界面,确保功能执行的合理性。

3. 输入项

(1) 用户名(Username):字符串型,最多输入 20 个字符。

(2) 密码(Password):字符串型,最多输入 20 个字符。

(3) 身份(identity):单选钮。

(4) 2 个命令按钮:确定后续触发事件。

4. 输出项

(1) 登录成功,跳转到系统主页。输出跳转的管理操作界面(不同用户跳转到不同的操作界面)。

(2) 登录失败,提示账号或密码错误,返回登录页面。

5. 程序流程图

系统登录模块的内部处理流程如图 6.15 所示。

6.4.3.2　成绩处理功能模块详细设计

1. 功能描述

本模块用于为教师进行成绩的输入和删除处理提供服务。教师可以根据实际需要选择不同的处理要求。若是选择录入,则随后显示成绩录入界面,可以将学生的测试结果依次输入,若是选择删除,则输入要删除的学号,将该学生之前的测试成绩予以显示,确认无误后,单击删除按钮,执行数据的删除处理。

2. 性能要求

根据所选择的操作,快速切换或显示出相应的界面,为教师输入成绩或要删除学生的信息提供便利。

3. 输入项

(1)学号:字符串型。

(2)身高:浮点型,单位为米(m)。

(3)体重:浮点型,单位为千克(kg)。

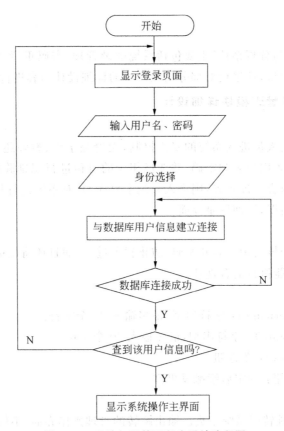

图 6.15　系统权限管理程序设计流程图

（4）肺活量：整型，单位为毫升（ml）。

（5）跳远：浮点型，单位为米（m）。

（6）……

4. 输出项

（1）姓名：在输入学号并按回车后自动显示。

（2）学院：在输入学号并按回车后自动显示

（3）全部录入完成或暂时停止录入，单击保存按钮即将数据存入相应的测试结果表。

（4）单击放弃按钮，则直接退出，返回到上层界面，之前录入的信息不保存。

5. 程序设计流程图

成绩处理模块的内部处理流程如图 6.16 所示。

6.4.3.3　成绩查询模块详细设计

1. 功能描述

本模块用于为教师和学生查询测试结果提供服务。此功能允许教师或学生根据需要输入查询要求，系统会根据身份对测试结果表进行不同检索统计，并将查询到的结果反馈给相应的用户。

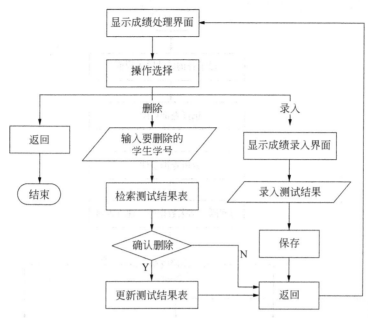

图 6.16　成绩处理功能程序流程图

2. 性能要求

用户角色不同,界面和显示内容有区别,且除学号意外,查询的时间或项目名称等要求以列表框的形式显示,用户直接选择。

3. 输入项

(1) 学号:字符串型。

(2) 时间:字符串型或时间型(datetime)。

(3) 项目名称:字符串型。

(4) 单击查询按钮。

4. 输出项

(1) 学号:字符串型。

(2) 姓名:字符串型。

(3) 测试日期:字符串型或时间型(datetime)。

(4) 项目 1 成绩。

(5) 项目 2 成绩。

(6) ……

5. 程序设计流程图

根据上述功能和性能要求,体能测试结果查询模块的逻辑处理过程如图 6.17 的程序设计流程图所示。

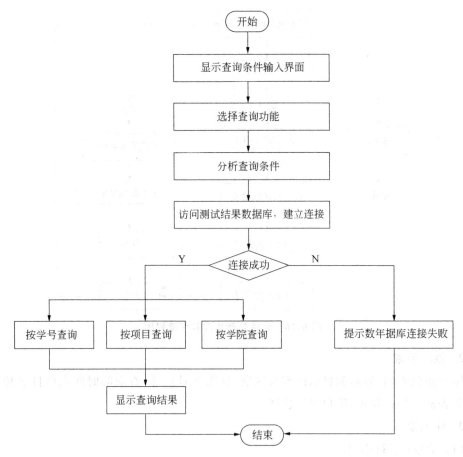

图 6.17   体能测试结果查询模块程序流程图

6.5   编 码 实 现

编码是把软件设计结果翻译成用某种程序设计语言书写的程序的过程。选择怎样的编码工具、编写程序的质量，直接影响软件开发和运行的效果。

6.5.1   编码工具介绍

如今的项目开发较为流行的是采用面向对象技术实现，便于功能的动态变化与扩展。故在编码工具选择上要充分考虑相对应的开发语言和工具。下面对 Eclipse 和微软的 Microsoft Visual Studio 进行介绍。

1. Eclipse

Eclipse 是著名的跨平台自由集成开发环境（IDE），其特征是开放源代码、基于 Java 的可扩展开发平台，附带了一个标准的插件集，包括 Java 开发工具（Java Development Kit，JDK）。

Eclipse 包括 4 个组成部分：Eclipse Platform、JDT、CDT 和 PDE。其中 JDT 支持

Java 开发；CDT 支持 C 开发；PDE 支持插件开发；Eclipse Platform 则是一个开放的可扩展 IDE，提供了一个通用的开发平台。上述 4 部分集中于 Eclipse SDK（软件开发者包）中，可以直接从网上下载、安装。

2. Microsoft Visual Studio

Microsoft Visual Studio（简称 VS）是微软公司推出的开发环境，包括了软件生命周期中所需的大部分工具，如 UML 工具、代码管控工具、集成开发环境（IDE）等等。VS 可以用来创建 Windows 平台下的 Windows 应用程序和网络应用程序，也可以用来创建网络服务、智能设备应用程序和 Office 插件。

Visual Studio 自 1997 年推出以来，版本不断更新，内容做了大量的调整，目前最新版本为 Visual Studio 2015，是基于. NET Framework 4.5.2 的，包括统一软件开发环境，支持 Android、iOS、Windows、Linux、Windows Phone 等平台，代码编辑器支持 C♯、VB. NET、C、HTML、JavaScript、XAML、SQL 等语言，能够实现跨平台移动应用程序、Web 程序以及云程序等的开发。VS 已经成为目前最流行的 Windows 平台应用程序的集成开发环境。

6.5.2 编码工具的选择

编码工具的选择主要参考如下内容：工程特性、技术特性、运行环境、算法和数据结构的复杂性以及开发人员的知识水平与能力。此外还可以针对项目的应用领域来考虑选择哪个编码工具，例如进行科学工程计算，需要大量的标准库函数用于处理复杂的数值计算，可以使用 C 语言等；在进行数据处理与数据库应用时，SQL 查询语言是最合适的工具；如果用面向对象思想开发系统，则需要用面向对象的开发工具，如 C++ 和 Java 等。

6.5.3 编码原则

编码是对详细设计的进一步具体化，程序的质量受软件设计结果的影响，编码风格也对程序的可靠性、可读性、可测试性和可维护性具有重要影响。

1. 基本规则

（1）严格遵循软件开发流程，在设计的指导下进行代码编写。

（2）编写代码以实现软件系统功能和性能为目标，要求正确完成设计要求的功能，达到性能要求。

（3）具有良好的程序结构，提高程序的封装性，实现程序模块内部高内聚、程序模块间低耦合。

（4）确保程序可读性强，易于理解；方便调试和测试。

（5）易于使用和维护，尽可能实现高可重用性。

（6）程序执行占用资源少，以低代价完成任务。

（7）在保证程序可读性的情况下，提高代码的执行效率。

2. 编码风格

（1）所有变量名的定义要直观，意义鲜明，力争做到见名之知意。

（2）变量类型符合数据实际处理的要求和特点。

（3）语句的书写采用缩进的格式，要体现层次和逻辑对应关系。

（4）适当使用空格。如运算符左右两边均加一空格。

（5）正确使用注释语句。书写的一般方法是：

- 程序段开始处，可以是文件、函数开始部位，描述功能、编写人、调用的函数等内容。
- 变量定义部分。特殊或重要的变量需要给予注释说明。
- 重要的语句块，如复杂的算法、重要的分析等需要给予注释说明。
- 与要说明的语句内容保持一致。

（6）控制代码长度。对于每一个函数，其语句数量尽可能控制在 50 行左右，超过 100 行的代码要考虑将其拆分为两个或两个以上的函数，但不能破坏原有逻辑和算法描述，并力争达到复用。

3. 输入输出

输入和输出方式与格式尽可能满足用户的习惯，且应根据不同用户的类型、特点和不同的要求来制定方案。格式力求简单，并应有完备的出错检查和出错恢复措施。

编码中如实现界面布局，则主要考虑各区域在屏幕的放置，使用户能以最快的速度找到操作对象或发现目标，屏幕的布局还要考虑界面的表现形式，使界面美观一致，协调合理。

对于输入而言，数据值相对固定的，应该采取下拉列表或单选钮的方式让用户选择；有明确格式要求的，尽可能在输入域中定义好格式，或者在旁边用特殊的颜色文字做说明；有执行顺序要求的，当未达到要求时，输入域应该为不可编辑。

对于输出而言，在保证结果正确的前提下，应该选择合适的输出方式（如表格、曲线图、饼图等），同时要快速、及时。

6.5.4　编码举例

下面为用 Java 语言编写的如前面图 6.12 所示的体能测试系统登录模块界面对应的实现代码。

```java
import java.awt.*;
import java.awt.event.*;
import java.sql.*;
import java.util.*;
import javax.swing.*;
public class tineng_Log extends JFrame{
    static List<user>users=new ArrayList<user>();//定义集合
    //定义页面控件、文本框、面板、按钮、单选框
    JTextField jtf1=new JTextField(20);
    JPasswordField jtf2=new JPasswordField(20);
    JPanel jp1=new JPanel();
    JPanel jp2=new JPanel();
    JPanel jp3=new JPanel();
```

```java
JPanel jp4=new JPanel();
JLabel label0=new JLabel("大学生体能测试系统");
JLabel label1=new JLabel("学号/工号:");
JLabel label2=new JLabel("密码:");
JButton jb1=new JButton("确定");
JButton jb2=new JButton("返回");
JRadioButton rb1=new JRadioButton("学生");
JRadioButton rb2=new JRadioButton("教师",true);
JRadioButton rb3=new JRadioButton("管理员");
JRadioButton rb4=new JRadioButton("领导");
ButtonGroup bg=new ButtonGroup();

public Login(){
    //页面布局
    ButtonGroup bg=new ButtonGroup();
    getContentPane().setLayout(new BorderLayout(10,5));
    jp1.setLayout(null);
    label0.setFont(new java.awt.Font("Dialog",1,20));
    label0.setForeground(Color.red);
    label0.setBounds(100, 20, 300, 20);
    label1.setBounds(120, 60, 120, 20);
    label2.setBounds(120, 100, 120, 20);
    jtf1.setBounds(150, 60, 120, 20);
    jtf2.setBounds(150, 100, 120, 20);
    jp1.add(label0);
    jp1.add(label1);
    jp1.add(jtf1);
    jp1.add(label2);
    jp1.add(jtf2);
// this.add(BorderLayout.NORTH,jp1);
    jp3.setLayout(new FlowLayout());
    jp3.add(jb2);
    this.add(BorderLayout.CENTER,jp1);
    jp2.setLayout(new BorderLayout(10,5));

    //让四个单选按钮成为一组
    bg.add(rb1);
    bg.add(rb2);
    bg.add(rb3);
    bg.add(rb4);
    jp3.add(rb1);
    jp3.add(rb2);
    jp3.add(rb3);
    jp3.add(rb4);
```

```
        jp2.add(BorderLayout.CENTER,jp3);
        jp4.setLayout(new FlowLayout());
        jp4.add(jb1);
        jp4.add(jb2);
        jp2.add(BorderLayout.SOUTH,jp4);
        this.add(BorderLayout.SOUTH,jp2);
        this.pack();
        this.setSize(450, 250);
        this.setTitle("登录界面");
        this.setVisible(true);
    //监听关闭按钮(右上角小叉)
    this.addWindowListener(new WindowAdapter() {
        public void windowClosing(WindowEvent e){
                dispose();
        }
});
    //确定按钮的监听
    jb1.addActionListener(new ActionListener() {
    @ Override
    public void actionPerformed(ActionEvent e) {
        int i=0;
        int j;
        //数据库连接
        Connection conn=Consql.getConnection();    //获取数据库链接
        PreparedStatement ps=null;
        ResultSet rs=null;
        String sql="select * from Users";

            try {
                ps=conn.prepareStatement(sql);
                rs=ps.executeQuery();                    //执行查询
                while (rs.next()) {                       //判断是否还有下一个数据
                    //将数据库数据读入集合中
                    users.add(new user(rs.getString("Username"),rs.getInt
                        ("UserID"),rs.getInt("Userage"),rs.getLong
                        ("UserIphone"),rs.getInt("authority"),rs.getInt
                        ("password1")));
                    i++;
                }
            } catch (SQLException e1) {
                // TODO Auto-generated catch block
                e1.printStackTrace();
            }
            //对比用户名及密码 是否能与集合中的数据匹配
```

```
for (j=0; j<users.size(); j++) {
        if (users.get (j).getName ().equals (jtf1.getText ()) &&
        (Integer.toString(users.get(j).getPassword1())).equals
        (jtf2.getText()))
        {
            break;
        }
    }
    if(j<users.size())
    {
        //匹配成功弹出登录成功窗口
        JOptionPane.showMessageDialog(null, "登录成功");
    }
    else
    {
        //匹配失败弹出用户名或密码错误窗口
        JOptionPane.showMessageDialog(null, "用户名或密码错误");
    }
    }
});
    //取消按钮的监听
    jb2.addActionListener(new ActionListener() {

    @Override
    public void actionPerformed(ActionEvent arg0) {
        dispose();
    }
});
    }   public static void main(String[] args) {
    new Login();
    }
    }
```

本 章 小 结

在传统方法中,详细设计也称为过程设计,其任务是设计实现每个模块功能的详细实现步骤(即算法),详细定义系统中所使用的数据的具体组织结构。设计工具包括图形、表格和语言3类,每个工具各有其特点,使用者应该根据需要选用适当的工具描述功能的算法。完成详细设计最常用的主要工具有程序流程图、N-S图、PAD图和判定树及判定表。

本章主要介绍了详细设计的内容和使用工具、人机界面设计的原则、编码的实现过程需要遵循的规则以及进行输入输出设计需要注意的问题等。一个项目的详细设计好坏直接关系到功能模块的代码编写效率、质量和运行结果的存储,以及用户对软件系统的认可度，数据结构的定义则直接影响系统数据管理的便利性、完整性与可靠性。对于大型的交互式系统而言，还应该更加重视人机界面的设计。

习　题

1. 详细设计的主要任务是什么？
2. 分析说明详细设计各工具的特点及使用时需要注意的问题。
3. 简述构建判定树和判定表的基本步骤。
4. 用户特点和需求对界面设计有何重要影响？
5. 完成人机界面设计应该遵循哪些基本原则？
6. 设置恰当、实用的帮助信息与显示方式对用户有何影响？
7. 有人说编码时应尽可能使用全局变量，你同意吗？请说明理由。
8. 良好的程序结构应该包含哪些内容？
9. 查阅资料并结合你的理解总结各种输出方式的适用情况。
10. 请将下面 PDL 描述的处理过程转换为 PAD 图和程序流程图表示的结果。

```
WHILE P
    IF X>0 THEN A
    ELSE B
    ENDIF
    IF Y>0 THEN
        C
        IF Z>0 THEN D
        ELSE E
        ENDIF
    ENDIF;
    G
END WHILE
```

11. 请针对体能测试系统中密码重置功能，用程序流程图描述其处理过程。

12. 请在第 5 章练习第 11 题所述功能的基础上，结合你自所在学校的具体要求，进行奖学金评定子系统各功能的详细设计，完成系统主界面设计、功能执行流程和算法的描述，并选择一种语言编码实现。

13. 请针对第 5 章习题 14 所述的高考报名系统，并结合你曾经的高考经历，完成系统的详细设计，并选择一种语言编码实现。

第 7 章

面向对象技术

哲学的观点认为现实世界是由各种各样的实体(事物、对象)所组成的,每种对象都有自己的内部状态和运动规律,不同对象间的相互联系和相互作用就构成了各种不同的系统,并进而构成整个客观世界。同时人们为了更好地认识客观世界,把具有相似内部状态和运动规律的实体(事物、对象)综合在一起称为类。类是具有相似内部状态和运动规律的实体的抽象,由此人们抽象的认为客观世界是由不同类的事物相互联系和相互作用所构成的一个整体。面向对象技术就是用对象和类构造软件,模拟现实世界中的各种工作,并在计算机中得以实现。本章主要介绍面向对象的起源、面向对象的基本概念、面向对象分析和面向对象设计技术。

本章要点:

* 面向对象的基本概念;
* 面向对象分析的任务、模型以及分析过程;
* 面向对象设计任务和基本原则;
* 面向对象设计模型以及面向对象设计过程。

7.1 面向对象概述

7.1.1 面向对象提出的背景

随着计算机技术飞速发展,计算机应用越来越普及。人们对软件的数量、功能和质量要求越来越高。软件的规模和复杂性日渐增加,传统结构化方法开发的软件存在一些问题,其可扩展性、可修改性和重用性都比较差,生产效率低。在开发需求模糊或需求动态变化的系统时,所开发出的软件系统难以修改,无法满足用户的需要。为解决上述问题,就应使分析、设计和实现一个系统的方法尽可能地接近认识客观事物的方法。换言之,应使描述问题的领域模型和解决问题的实现模型在结构上尽可能地一致,也就是使分析、设计和实现系统的描述过程与认识客观世界的过程尽可能地一致,这是面向对象方法学的出发点和所追求的基本原则。

面向对象技术(Object Oriented Technique ,OOT)是一种将面向对象思想应用于软件开发过程,并指导开发活动的软件开发技术。面向对象思想是指按人们认识客观世界的思维方式,基于对象的概念建立分析与设计模型,并采用面向对象编程语言实现软件系统。通过面向对象方法中对象的概念,使计算机软件系统能与现实世界中的系统——对应。

最早在 20 世纪 60 年代后期出现了面向对象的编程语言 Simula-67,在该语言中引入了类和对象的概念;20 世纪 70 年代初 Xerox 公司推出了 Smalltalk 语言,奠定了面向对象程序设计的基础;1980 年出现的 Smalltalk-80 标志着面向对象程序设计进入了实用阶段。自 20 世纪 80 年代中期起,人们注重于面向对象分析和设计的研究,逐步形成了面向对象方法学。

面向对象技术的研究已日趋成熟,典型的方法有 P. Coad 和 E. Yourdon 的面向对象分析和面向对象设计,G. Booch 的面向对象开发方法,J. Rumbaugh 等人提出的对象建模技术(Object Modeling Technique,OMT),Jacobson 的面向对象软件工程(Objected Oriented Software Engineering,OOSE)等。20 世纪 90 年代中期,由 G. Booch、J. Rumbaugh 和 Jacobson 等人发起,在 Booch 方法、OMT 方法和 OOSE 方法的基础上推出了统一的建模语言(Unified Modeling Language,UML),1997 年被国际对象管理组织(Object Management Group,OMG)确定作为标准的建模语言。

7.1.2　面向对象方法简介

1989 年 P. Coad 和 E. Yourdon 提出的 Coad 面向对象开发方法的主要优点是将多年来大系统开发的经验与面向对象概念有机结合,在对象、结构、属性和操作的认定方面提出了一套系统的原则。该方法完成了从需求角度进一步进行类和类层次结构的认定。尽管 Coad 方法没有引入类和类层次结构的术语,但事实上已经在分类结构、属性、操作、消息关联等概念中体现了类和类层次结构的特征。

G. Booch 本人最先描述了面向对象的软件开发方法的基础问题,指出面向对象开发是一种根本不同于传统的功能分解的设计方法。面向对象的软件分解更接近人对客观事务的理解,而功能分解只通过问题空间的转换来获得。

OMT 方法是由 J. Rumbaugh 等 5 人在 1991 年提出来的,其经典著作为"面向对象的建模与设计"。该方法是一种新兴的面向对象的开发方法,开发工作的基础是对真实世界的对象建模,然后围绕这些对象使用分析模型来进行独立于语言的设计,面向对象的建模和设计促进了对需求的理解,有利于开发更清晰、更容易维护的软件系统。该方法为大多数应用领域的软件开发提供了一种实际的、高效的保证,努力寻求一种问题求解的实际方法。

面向对象方法的出现很快受到计算机软件界的青睐,并成为 20 世纪 90 年代后期以来的主流开发方法,究其原因主要有以下几点:

(1) 从认知学的角度来看,面向对象方法符合人们对客观世界的认识规律。

在很长一段时间里,分析、设计、实现一个软件系统的过程与认识一个系统的过程存在着差异。例如,结构化方法分析的结果是数据流程图,设计的结果是模块结构图和程序流程图,实现的结果是由程序模块组成的源程序。这些分析和设计模型图中的成分或程序模块不能直接映射到客观世界的实体上,也就是说,空间描述的软件结构与问题域的结构是不一致的。当用户需求有一些小的改变时,会导致分析、设计的连锁变化。而面向对象方法则以客观世界中的实体为基础,将客观实体的属性及其操作封装成对象。在分析阶段,识别系统中的类对象以及它们之间的关系;在设计阶段,仍沿用分析的结果,并根据实现的需要,增加、删除或合并某些类对象,或在某些类对象中添加相关的属性和操作,同时设计实现这些操作的方法;在实现阶段,则用程序设计语言来描述这些对象以及它们之间的联系。因此,面向对象方法的分析、设计、实现的结果能直接映射到客观世界中的实体上。由于面向对象的分析和设计采用同样的模型表示形式,同时面向对象分析、设计和实现都以类对象为基础,面向对象开发的各阶段之间达到了无缝连接。当用户的需求有所改变时,由于客观世界中的实体是不变的,实体之间的联系也是基本不变的,因此面向对象的总体结构也相对比较稳定,所引起的变化大多集中在类对象的属性与操作及类对象之间的消息通信上。总之,面向对象方法符合人们对客观世界的认识规律,所开发的系统相对比较稳定。

(2) 面向对象方法开发的软件系统易于维护,其体系结构易于理解、扩充和修改。

面向对象方法开发的软件系统由对象类组成,对象的封装性很好地体现了抽象和信息隐蔽的特征。对象以属性及操作为接口,使用者只能通过接口访问对象(请求其服务),对象的具体实现细节对外是不可见的。这些特征使得软件系统的体系结构是模块化的,这种体系结构易于理解、扩充和修改。当类对象的接口确定以后,实现细节的修改不会影响其他对象,易于维护。同时也便于分配给不同的开发人员去实现,依据规定的接口能方便地组装成系统。

(3) 面向对象方法中的继承机制有力支持软件的复用。

在同一应用领域的不同应用系统中,往往会涉及到许多相同或相似的实体,这些实体在不同的应用系统中存在许多相同的属性和操作,也存在一些不同的应用系统所特有的属性和操作。在开发一个新的软件系统时,可复用已有系统中的某些类,通过继承和补充形成新系统的类。在同一个应用系统中,某些类之间存在一些公共的属性和操作,也含有它们各自私有的属性和操作。对于公共的属性和操作,可以通过继承机制得到复用。

7.1.3　面向对象基本概念

Peter Coad 和 Edward Yourdon 提出用下列等式来定义面向对象方法的内涵:

$$面向对象=对象+类+继承+基于消息的通信$$

可以说,上述 4 个要素构成了面向对象方法的核心。下面介绍包括上述 4 个要素在内的面向对象中的基本概念,以帮助理解面向对象的思想,学习和掌握面向对象的开发方法。

1. 对象

在现实世界中存在的实体就称为一个对象(Object),如大学生、教师、汽车、iPAD 等。每个对象都有它的属性和操作,如大学生有学号、姓名、专业等属性,同时还有选择导师、提交毕业论文等操作为;iPAD 有品牌、型号、像素、内存、主频等属性,还具有开/关、增大/减低音量、页面切换、拍照等操作。iPAD 的属性值体现了它的基本规格,操作则为用户使用设备提供了便利,同时也最大程度地发挥出这些属性值的性能特点。iPAD 的各组成部件,如显卡、CPU 等都封装在 iPAD 外壳内部,所有使用者不知道也不关心其内部是如何连接和实现这些操作的。

在计算机系统中,对象是指一组属性以及这组属性上的专用操作的封装体。属性通常是一些基本类型数据,有时它也可以是另一个对象。例如,书是一个对象,它的属性可以有书名、作者、出版社、出版年份、定价等属性,其中书名、出版年份、定价是基本类型数据,作者和出版社可以是对象,它们还可以有自己的属性(在有些简单的软件系统中可能只用到作者名和出版社名,而不关心作者和出版社的其他信息,如作者的性别、年龄、工作单位、职称等,那么,它们也可以是基本类型数据)。每个对象都有它自己的属性值,表示该对象的状态。对象中的属性只能通过该对象所提供的操作来存取或修改。操作也称为方法或服务,它规定了对象的行为,表示对象具有的行为能力。

　　封装是一种信息隐蔽技术,用户只能看见对象封装界面上的信息,对象的内部实现对用户是隐蔽的。封装的目的是使对象的使用者和生产者分离,使对象的定义和实现分开。一个对象通常可由对象名、属性和操作三部分组成。

2. 类

　　类(class)是一组具有相同属性和相同操作的对象的集合。一个类中的每个对象都

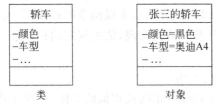

图 7.1　类和对象的定义

是这个类的一个实例(instance)。例如"轿车"是一个类,"轿车"类的实例"张三的轿车""李四的轿车"都是对象。也就是说,对象是客观世界中的实体,而类是同一类实体的抽象描述。在分析和设计时,通常把注意力集中在类上,而不是具体的对象上,也不必为每个对象逐个定义,只需对类做出定义,而对类的属性的不同赋值即可得到该类的对象实例,如图 7.1 所示。类和对象之间的关系类似于程序设计语言中的类型(type)和变量(variable)之间的关系。

　　通常把一个类和这个类的所有对象称为类及对象,或称为对象类。

3. 继承

　　一个类可以定义为另一个更一般的类的特殊情况,我们称一般类是特殊类的父类或超类(superclass),特殊类是一般类的子类(subclass)。如"学生"类是"大学生"类的父类,"本科生"类是"大学生"类的子类。这样可以形成类之间的一般-特殊的层次关系,如图 7.2 所示。其中,子类在拥有自己的属性和操作的同时还直接拥有父类的属性和操作,这种保持父类的特性而构造子类的过程称为继承(inheritance)。

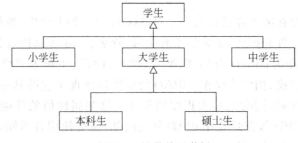

图 7.2　继承关系举例

例如学生的属性有学号、姓名、性别、班级等,学生的操作有上课签到、提交作业等,大学生是学生的子类,大学生也拥有学号、姓名等属性和签到、提交作业操作,此外,大学生还有专业等属性,需要定义如提交毕业论文、专业实习记录等的操作。所以子类的属性和操作是子类中的定义部分和其祖先类中所含内容的总和。

继承是类间的一种基本关系,它是基于不同层次的类共享数据和操作的一种机制。父类中定义了其所有子类的公共属性和操作,在子类中除了定义自己特有的属性和操作外,还可以对父类(或祖先类)中的操作重新定义其实现方法,称为"重载"(overload)。例如,矩形是多边形的子类,在多边形类中定义了属性:顶点坐标序列,定义了操作:平移、旋转、显示、计算面积等。在矩形类中,可定义它自己的属性长和宽,还可以对操作"计算面积"重新定义。不过需要说明一点,重载是继承性的一种特殊运用形式,在设计和实现时才会具体完成其内容的定义与描述。

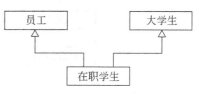

图 7.3　多重继承

如果一个子类只有唯一一个父类,这个继承称为单一继承。如果一个子类有一个以上的父类,这种继承称为多重继承。如图 7.3 所示"在职学生"类既可继承"员工"类,又可以继承"大学生"类的特性。

4. 消息

在面向对象技术中,消息(message)是对象之间交互、通信的手段,是外界能够引用对象操作及获取对象状态的唯一方式。这个特征保证了对象的实现只依赖于它本身的状态和所能接收的消息,而不依赖于其他对象。现实社会中人不是生活在真空中的,总是要和其他人交往,请求他人帮助解决一些问题。这里的"请求"便是一个人与其他人进行交往的手段。在面向对象技术的专业术语中,一个对象请求另一个对象的服务,这些请求称之为"消息"。一个消息通常包括接收对象名、调用的操作名和适当的参数(如果有必要的话)。消息只告诉接收对象需要完成什么操作,但并不指示接收者怎样完成操作。消息完全由接收者解释,接收者独立决定采用什么方法完成所需的操作。

5. 多态性和动态绑定

多态性(polymorphism)是指同一个操作作用于不同的对象上可以有不同的解释,并产生不同的执行结果。例如"画"操作,作用在"矩形"对象上,则在屏幕上画一个矩形,作用在"圆"对象上,则在屏幕上画一个圆。也就是说,相同操作的消息发送给不同的对象时,每个对象将根据自己所属类中定义的这个操作去执行,对其他同类对象无任何影响,产生不同的结果。

与多态性密切相关的一个概念就是动态绑定(dynamic binding)。动态绑定是指在程序运行时才将消息所请求的操作与实现该操作的方法进行连接。传统的程序设计语言的过程调用与目标代码的连接(即调用哪个过程)放在程序运行前(编译时)进行,称为静态绑定,而动态绑定则是把这种连接推迟到运行时才进行。在一般与特殊关系中,子类是父类的一个特例,所以父类对象可以出现的地方,也允许其子类对象出现。因此在运行过程中,当一个对象发送消息请求服务时,要根据接收对象的具体情况将请求的操作与实现的方法进行连接。

例如，图 7.4 表示三角形类、矩形类、六边形类都继承了多边形类，其中"多边形"类是一个抽象类，它定义了抽象操作"计算面积"的接口，在"三角形"类、"矩形"类和"六边形"类中都继承了操作"计算面积"，即它们与父类中的"计算面积"有相同的接口定义，并分别给出了它们各自计算面积的实现方法。

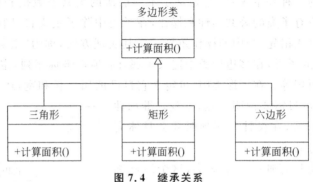

图 7.4　继承关系

在图 7.5 所示的程序中，对于不同的"条件"p 值可能是 t 也可能是 r，因此，当执行"p. 计算面积（）"语句时，它可能计算三角形的面积，也可能计算矩形的面积。

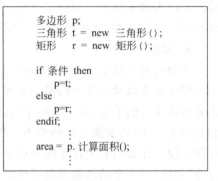

图 7.5　多态性实例程序

7.1.4　面向对象的特征

1. 抽象性

抽象就是忽略事物中与当前目标无关的非本质特征，更充分地注意与当前目标有关的本质特征，从而找出事物的共性，并把具有共性的事物划为一类，得到一个抽象的概念。例如，在设计一个学生成绩管理系统的过程中，考察学生张华这个对象时，就只关心他的班级、学号、课程名、成绩等，而他的身高、体重、联系电话、家庭地址等信息属于一般性描述，与成绩管理基本无关，所以忽略不考虑。因此，抽象性是对事物的抽象概括描述，实现了客观世界向计算机世界的转化。

2. 封装性

封装是指按照信息屏蔽的原则，把对象的属性和操作结合在一起，构成一个独立的对象。外部对象不能直接操作对象的属性，只能使用对象提供的服务。

封装的信息隐蔽作用反映了事物的相对独立性，只关心它对外所提供的接口，即能做什么，而不注意其内部细节，即怎样提供这些服务。

3. 共享性

同一类中的对象有着相同数据结构，这些对象之间具有结构和行为特征的共享关系。在同一应用的类层次结构中以及有继承关系的各相似子类中，都存在共享共同的结构和行为的情况。使用继承来实现代码的共享，通过类库这种机制和结构来实现不同应用中的信息共享。

4. 强调对象结构

面向对象技术是对现实世界对象的模拟,围绕对象开展分析与设计。首先对现实对象进行抽象,分析其属性特征,然后围绕属性设计相关的操作,把属性和行为封装在一起,对象间通过消息传递达到交互的目的。面向对象系统结构的基本单位是类和对象,而不是程序模块。

7.2　面向对象分析

面向对象分析简称 OOA,是面向对象方法从编程领域向系统分析领域延伸的产物,充分体现了面向对象的概念与基本理念。本节介绍面向对象分析的主要任务以及一般过程。

7.2.1　面向对象分析任务概述

1. 面向对象分析任务

面向对象分析是理解用户需求并建立问题域精确模型的过程。识别问题域中的对象并分析这些对象相互之间的关系,最终建立简洁、精确、可理解的正确模型是分析阶段的关键。

面向对象分析中建造的模型主要有对象模型、动态模型和功能模型。这 3 个模型从不同的角度对系统进行描述,它们组合起来全面体现了基于对象的系统开发的内部构成与功能设计。形象地说,对象模型解决“谁来做”,功能模型解决“做什么”,动态模型解决“何时做”。解决任何一个问题都需要分析现实问题中实体及实体间的相互关系,并抽象出具有价值的对象模型;当问题涉及交互作用和时间顺序时(如用户界面及过程控制等),动态模型是重要的描述形式;解决运算量大的问题(如科学计算等),则必须利用功能模型,控制变化过程。

2. 面向对象分析方法的优点

一个好的分析方法,应该能够全面、有效地体现用户需求,OOA 在解决这些问题上有较强的能力,具体表现如下。

(1) 有利于对问题及系统责任的理解。OOA 强调从问题域中的实际事物及与系统责任有关的概念出发来构建系统模型。系统中对象与对象之间的联系都能够直接地描述问题域和系统责任,构成系统的对象和类都与问题域有良好的对应关系,因此十分有利于对问题及系统责任的理解。

(2) 有利于对人员之间的交流。由于 OOA 与问题域具有一致的概念和术语,例如都用对象、协作等,同时都使用人类的思维方式来认识和描述问题域,因此软件开发人员与应用领域的专家和一般用户很容易达成共识,从而为他们之间的交流创造了基本条件。

(3) 对需求变化有较强的适应性。一般系统中,最容易变化的是功能(在面向对象方法中称为操作),其次是与外部系统或设备的接口部分,再是描述问题域中事物的数据,而系统中最稳定的部分是对象。为了适应需求的不断变化,要求分析方法将系统中最容易变化的因素隔离起来，并尽可能简化各单元成分之间的接口。

在 OOA 中，对象是构成系统最基本的元素，基本特征是封装性，将容易变化的成分（如操作及属性）封装在对象内部，保证了对象的稳定性，也使系统具有宏观上的稳定性。即使需要增减对象时，其余的对象也具有相对的稳定性。因此 OOA 对需求的变化具有较强的适应性。

（4）支持软件复用。面向对象方法所具有的继承性本身就是一种支持复用的机制，子类可以继承父类的属性及操作。类是一个独立的封装体，而且能够描述问题域中的每一个对象，具有完整性，完整性和独立性是实现软件复用的重要条件。因此类本身具备作为可复用的构件的条件。

3. 面向对象分析指导原则

（1）构造和分解相结合的原则。构造是指由基本对象组装成复杂活动对象的过程；分解是对大粒度对象进行细化，从而完成系统模型细化的过程。

（2）抽象和具体结合的原则。抽象是指强调事务本质属性而忽略非本质细节，具体则是对必要的细节加以刻画的过程。面向对象方法中，抽象包括数据抽象和过程抽象，其中数据抽象把一组数据及有关的操作封装起来，过程抽象则定义了对象间的相互作用。

（3）封装的原则。封装使程序间的相互依赖减少，有助于提高程序的可重用性。

（4）继承的原则。继承使系统开发中只需要一次性说明各对象的共有属性和服务，对子类的对象只需要定义其特有的属性和方法。继承的目的也是为了提高数据的一致性和程序的可重用性，从而极大提高开发效率。

面向对象方法构造问题空间时使用了人们认识问题的常用方法，即：

（1）区分对象及其属性。

（2）区分整体对象及其组成部分。

（3）不同对象类的形成及区分。

面向对象分析也不是一个机械的过程。大多数需求陈述都缺乏必要的信息，所缺少的信息主要从用户和领域专家那里获取，同时也需要分析员通过对问题域的背景知识进行学习、了解后获得。在分析过程中，系统分析员必须与领域专家及用户反复交流，以便澄清二义性，改正错误的概念，补足缺少的信息。面向对象建立的系统模型，尽管在最终完成之前还是不准确、不完整的，但对做到无歧义的交流仍然是大有益处的

面向对象分析完成后，需要进行需求评审。由用户、领域专家、系统分析员和系统设计人员一起进行并反复修改，确定最终的需求规格说明。

7.2.2   面向对象分析模型

7.2.2.1   对象模型

面向对象分析的关键是识别出问题域中的对象，对象模型是最基础的、最核心的，也是最重要的。无论解决什么问题，必须首先在问题域中提取和定义完整的对象模型。

对象模型描述系统中对象的静态结构，包括对象之间的关系、对象的属性、对象的操作。对象模型表示静态的、结构上的、系统的"数据"特征。对象模型为动态模型和功能模型提供了基本的框架，采用包含对象和类的对象图来表示。

下面介绍对象模型的主要组成元素。

1. 类和对象的描述

类与对象是构成对象模型的基本元素,图 7.6 给出了类和对象的一般描述形式,从图可以看出,一个类由类名、属性和操作三部分组成。

属性指的是类中对象所具有的特性(数据值)。

操作是类对象所使用的一种功能或变换。在面向对象方法中,操作定义在对象中,每个操作都有一个目标对象作为其隐含的参数。

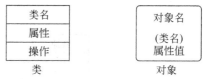

图 7.6　类和对象的表示符号

2. 关联和链

对象模型中,类之间或对象之间的联系用关联(association)或者链(Link)来描述。关联和链都是用一条直线连接相关的类或对象,直线上面标注关联和链的名称。

关联表示类之间的关系。链表示两个(或多个)实例对象之间的关系,是关联的一个实例。关联与链之间的关系与类和对象之间的关系类似。例如,"国家"是一个类,"首都"也是一个类,它们之间的关联是"国家有首都"。"加拿大"是"国家"类的一个对象,"渥太华"是"首都"类的一个对象,"加拿大"与"渥太华"之间的关系就是一个链。

图 7.7 中的关联,关联名是"国家拥有首都"。而联系对象之间的链是"加拿大有首都渥太华"。

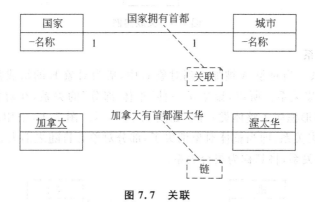

图 7.7　关联

两个类之间的关联称为二元关联,三个类之间的关联称为三元关联,三元关联的类用菱形连接,如图 7.8 所示。

图 7.8　二元关联和三元关联

学生类和课程类、教师类和课程类之间都是二元关联,而学生类、课程类和教师类形成三元关联,如图 7.9 所示。

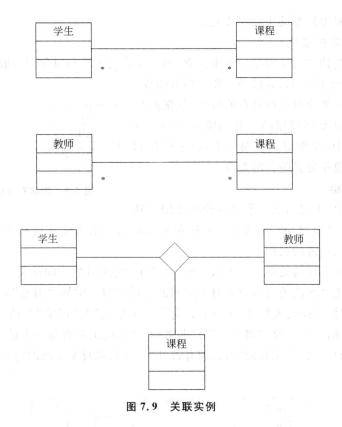

图 7.9　关联实例

3. 类结构关系

（1）聚集关系。当对象 A 被加入到对象 B 中，成为对象 B 的组成部分时，对象 B 和对象 A 之间为聚集关系。所以，聚集是一种"整体-部分"的关系，在对象模型中，用菱形表示聚集关系，菱形框居于整体类一侧，如图 7.10 所示。图 7.11 中用的是实心菱形，其表达了更强的聚集关系，即当整体对象消失了，部分对象必将随之消失。为突出这种特殊的整体-部分特性关系，将其称为组合关系。

图 7.10　聚集关系

图 7.11　组合关系

（2）泛化关系。把不同类的对象的共同特征抽象出来建立一个一般类，不同的类既可以共享一般类的属性和操作，还可以保留自己的特殊属性和操作，类之间的这种关系称为泛化关系。其中一般化的类称为父类,那些特殊的类称为子类,各子类继承了父类的性质,而各子类的一些共同性质和操作又归纳到父类中。因此,泛化关系和继承是同时存在的。泛化关系的符号表示是在类关联的连线上加一个小三角形,如图 7.12 所示。

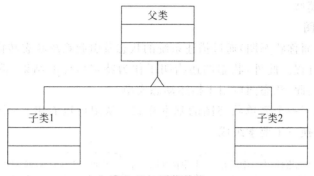

图 7.12　泛化关系

（3）建立对象模型的一般过程。在进行面向对象分析时并不能一次就确定对象模型的所有元素,Coad 和 Yourdon 提出,建立大型系统的对象模型应该由 5 个层次组成,构建对象模型可以从以下 5 个层次出发。

- 确定类与对象。类和对象是在问题域中客观存在的,系统分析员的主要任务,就是通过分析对象,抽象成类。
- 确定关联。两个或多个类和对象之间的相互依赖、相互作用的关系就是关联,分析确定关联,要考虑问题域的边缘情况。
- 划分主题。将大型、复杂系统进一步划分成为不同的主题,每个主题是一些相关类的抽象,由此降低系统的复杂性。
- 确定属性。属性是对象的性质,一般确定属性的过程包括分析和选择两个步骤。
- 识别继承关系。确定了类中应该定义的属性之后,就可以利用继承机制共享公共属性,并对系统中众多的类加以组织。一般可使用自底向上和自顶向下两种方式建立继承关系。

上述 5 个层次对应着在面向对象分析过程中建立对象模型的 5 项主要活动:找出类与对象,识别结构,识别主题,定义属性,定义服务。必须强调指出的是,这里所说的“5项活动”并不是指 5 个步骤,事实上,这 5 项工作完全没有必要固定顺序,也无须彻底完成一项工作以后再开始另外一项工作。所以在进行面向对象分析时并不需要严格遵守自顶向下的原则。人们往往喜欢先在一个较高的抽象层次上工作,如果在思考过程中突然想到一个具体事物,就会把注意力转移到具体领域,进行深入分析发掘,然后又返回到原先所在的抽象层次上。例如,分析员找出一个类与对象,想到在这个类中应该包含的一个服务,于是把这个服务的名字写在服务层,然后又返回到类与对象层,继续寻找问题域中的另一个类与对象。

7.2.2.2　动态模型

如果问题中涉及交互作用和时序问题时(如用户与系统的交互过程),就需要构建动态模型。动态模型表达了在系统动态交互行为中对象的状态受消息影响而发生变化的时序过程。对象不仅有静态结构，而且在系统运行期间还表现出特定的动态行为。这个行为的完整过程称为对象的生存周期。为了描述对象的动态行为，动态模型主要利用事件与对象状态来表达系统的动态特性。OMT 面向对象分析方法主要用状态转换图和事件追踪图表达动态模型。

1. 状态转换图

状态转换图（简称状态图）通过描述系统的状态及引起系统状态转换的事件来表示系统的行为和变化过程。此外，状态图还指明了作为特定事件的结果，系统将做哪些动作（如处理数据）。因此，状态图可用于描述动态模型。

图 7.13 表示了一个简单状态图的基本样式。从图可以看出，一个状态图主要由状态、事件和状态变换三个要素组成。

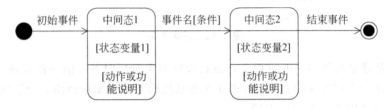

图 7.13　状态图的简例

其中，状态是任何可以被观察到的系统行为模式。一个状态代表系统的一种行为模式。系统对事件的响应可以引起系统执行某个做动作，从而引发状态变化。

在状态图中定义的状态主要有初态（初始状态）、结束状态和中间状态。它们通常分别用实心圆，同心圆和圆角矩形（或圆）表示。中间状态还可把圆角矩形分为上下两个部分，上面部分用于定义状态的名称，这是必须描述的；下面部分是关于系统的处理动作或功能的说明（包括状态变量的说明等），这部分内容是可选的，表示为［动作或功能说明］。在一张状态图中只能有一个初态，而结束状态则可有 0 或多个。

事件是在某个特定时刻发生的事情，它能引起系统做动作，并使系统从一个状态转换到另一个状态。简言之，事件就是引起系统做动作和状态转换的控制信息和导火索。

由某事件引起的两个状态之间的变化称为状态转换。状态转换通常用带箭头的连线表示，并在连线的上方标出引起转换的事件名或事件表达式，以及事件发生的条件等。

图 7.13 反映出，当系统处于初态且初始事件发生时，系统进入中间状态 1 并执行相应处理动作。然后，当满足条件的事件发生时，系统状态转换为中间状态 2，并执行相应处理动作。最后，当结束事件发生时，系统进入结束状态。

画状态图的基本步骤描述如下。

（1）确定初态。

（2）确定事件（事件可由动作或输入信息等形成），并根据事件以及某些限制条件确定由当前状态转到下一个状态，以形成一个状态转换。

（3）重复（2）的过程，直到最后确定结束状态为止。

例如，在创建一个文本文件的过程中要经历的状态如图 7.14 所示。当某一个或几个状态连续反复出现时，可以在重复执行的首、尾状态符或自身状态符上直接画出带箭头的连线,用以体现重复执行的过程。

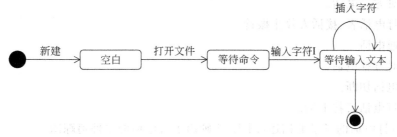

图 7.14　状态图

2. 事件追踪图

事件追踪图(sequence diagram)主要用于表达对象与对象之间可能发生的所有事件,是一种按事件发生时间的先后顺序列出所有事件的图形工具。事件追踪图用一条竖直线表示一个对象或类,用一条水平的带箭头的直线表示一个事件,箭头方向是从发送事件的对象指向接收事件的对象。事件按产生的时间从上向下逐一列出。箭头之间的距离并不代表两个事件的时间差,带箭头的直线在垂直方向上的相对位置(从上到下)表示事件发生的先后顺序。

图 7.15 表示了一个简单的事件追踪图,其中 $Event_i$($i=1,2,3,4$)表示事件,且事件的序列按 $Event_1$、$Event_2$、$Event_3$、$Event_4$ 次序排列。

图 7.15　事件追踪图

事件追踪图侧重描述系统执行过程中的一个特定的"场景"(Scenarios)。场景有时也叫"脚本",是完成系统某个功能的一个事件序列。事件追踪图能够体现多个对象的集体行为。

脚本是系统某一次特定运行时期内发生的事件序列。例如,打电话的场景可以描述为:

(1) 拿起电话接听器。

(2) 电话拨号音开始。

(3) 拨电话号码数 8。

(4) 电话忙音结束。

(5) 拨电话号码数 1。

(6) 拨电话号码数 1。

(7) 拨电话号码数 4。

(8) 对方电话开始振铃。

（9）打电话者听见振铃声。

（10）对方接电话。

（11）打电话者、接话方停止振铃。

（12）通电话。

（13）对方挂电话。

（14）电话切断。

（15）打电话者挂电话。

按照对打电话的场景的描述，图7.16画出了打电话的事件追踪图。

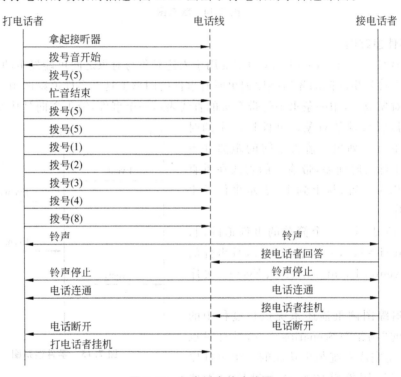

图 7.16 打电话事件追踪图

7.2.2.3 功能模型

功能模型由数据流程图组成，指明从外部输入到外部输出，数据在系统中传递和变换的情况，功能模型的描述方法参见本书第4章数据流程图的描述。

7.2.3 面向对象分析过程

面向对象的分析过程主要对问题域进行分析，该阶段的目标是获得对问题域的清晰、精确的定义，产生描述系统功能和问题域结构的基本特征的综合文档。

问题域分析过程是抽取和整理用户需求并建立问题域精确模型的过程。主要任务是充分理解专业领域的业务问题和用户的需求，提出高层次的问题解决方案。应具体分析应用领域的业务范围、业务规则和业务处理过程，确定系统范围、功能和性能，完善细化用户需求,抽象出目标系统的本质属性,建立问题域的静态模型、动态模型和功能模型。

OOA 分析过程的具体步骤如下:

(1) 获取用户基本需求。

用户与开发者之间进行充分交流,常用功能来收集和描述用户的需求。即先标识使用该系统的不同的用户,找出系统的参与者,对他们所提出的每个功能需求,采用用例图来描述,用例图中的全部用率,构成完整的系统功能需求。

以体能测试工作为例,首先找出系统的参与者,包括学生、教师、管理员。通过与这些参与者的沟通,收集他们需要的系统功能,把这些功能进行整理,画出用例图,然后对用例图中的每个用例进行描述,一般是采用用例表的方式进行用例描述。

(2) 标识类和对象。

标识类与对象是一致的。在画出系统的用例图,即确定系统的功能需求之后,可以利用全部用例的描述来发现类和对象。列出的对象可能有的形式:外部实体、事物、发生的事件、角色、组织单位、场所、构造物等。在此基础上,进一步确定最终对象,标识类及类的属性和操作。通常可根据以下原则进行标识和确定:保留对象需要保留的信息、需要的服务、具有多个属性的实体、具有的公共属性及操作的实体。

在体能测试信息管理与分析系统中,系统的外部实体包括学生、教师、管理员和体测成绩。系统中的组织单位包括班级、专业、学院等,这些都构成了系统中的类。

(3) 定义类的结构和层次。

类的结构中还包括类的属性和类的操作。类确定之后,需要确定类的属性,可从问题的陈述中或通过对类的理解而标识出属性。对象的操作一般分为:对对象属性的操作、计算操作、控制操作等。

在体能测试信息管理与分析系统中,体测成绩是最重要的实体类,根据体测成绩描述内容,确定该实体类的属性主要包括学生姓名、学号、性别、测试项目的名称、测试成绩、测试时间、测试教师等等。

据前所述,类的层次关系有聚集关系、组合关系和泛化关系,在已标识类的基础上,需要进一步分析和定义类之间的层次关系,并在对象模型中表示出来。例如,体能测试信息管理与分析系统中的学生、教师、管理员这三个类,都属于系统用户,可以利用类的层次关系表示出来,学生、教师和管理员都是继承于系统用户这个类,他们之间存在着一般与特殊关系——泛化关系,如图 7.17 所示。

(4) 根据上面的分析结果,建立类(对象)之间的关系,用"对象-关系模型"描述系统的静态结构。

系统的对象关系模型主要包括 3 个层次的内容,如图 7.18 所示。其中,对象层给出系统中所有反映问题域和系统责任的对象。特征层给出类(对象)的内部特征,即类的属性和操作。关系层给出各类(对象)之间的关联关系,包括一般-特殊、整体-部分、依赖等特殊关系。对象关系模型通过类图描述,例如,体能测试信息管理与分析系统的类图(相应类图参见 8.6 节)。

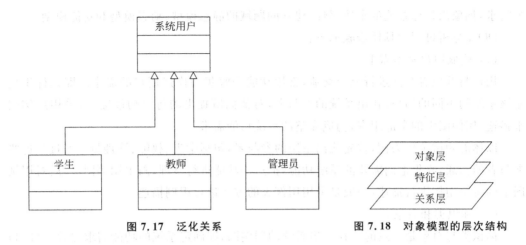

图 7.17　泛化关系　　　　　　　　　图 7.18　对象模型的层次结构

（5）建立对象-行为模型。

对象-行为模型是面向对象系统的动态模型，面向对象分析的动态模型描述了系统的动态行为。在面向对象分析阶段的动态模型包括状态图、事件追踪图等。其中，用状态图描述每个对象在整个对象生命周期中的状态变化，用事件跟踪图描述系统运行过程中对象之间的交互关系。在体能测试信息管理与分析系统中，利用状态图和顺序图来建立系统的对象-行为模型。

经过面向对象分析阶段，完成的系统分析成果主要有：

用例描述

对象模型＝对象图＋数据词典

动态模型＝状态图＋全局事件追踪图

功能模型＝数据流程图＋约束

7.3　面向对象设计

7.3.1　面向对象设计任务

面向对象的设计简称OOD，是在软件系统设计阶段运用面向对象方法，将OOA所创建的分析模型转换为设计模型，设计出以类、对象表示的软件系统结构。

OOA主要考虑系统做什么，而不关心系统如何实现的问题。在OOD中为了实现系统，需要以OOA模型为基础，重新定义或补充一些新的类，或在原有类中补充或修改一些属性及操作。因此，OOD的目标是产生一个满足用户需求且可实现的OOD模型。

面向对象的设计可以细分为系统设计和对象设计。系统设计确定实现系统的策略和目标系统的高层结构。对象设计确定目标系统中的类、关联、接口形式及实现服务的算法。

1. 系统设计

系统设计的任务包括：将分析模型中紧密相关的类划分为若干子系统（也称为主题），子系统应该具有良好的接口，子系统中的类相互协作，标识问题本身的并发性，将各子系统分配给处理器,建立子系统之间的通信。

进行系统设计关键是子系统的划分,子系统由它们的责任及所提供的服务来标识,在 OOD 中这种服务是完成特定功能的一组操作。

将划分的子系统组织成完整的系统时,有水平层次组织和垂直组织两种方式,层次结构又分为封闭式和开放式。所谓封闭式是指每层子系统仅使用其直接下层的服务,这就降低了各层之间的相互依赖,提高了易理解性和可修改性。开放式则允许各层子系统使用其下属任一层子系统提供的服务。垂直组织形式是把软件系统垂直地划分为若干个相对独立的、弱耦合的子系统,一个子系统(块)提供一种类型的服务。

通常 OOD 的对象模型也与 OOA 的对象模型一样,由主题、类与对象、结构和服务等 5 个层次组成。此外,大多数系统的面向对象设计在逻辑上都由 4 部分组成,这 4 部分是组成目标系统的子系统,它们是问题域子系统(即业务对象子系统)、人-机交互子系统(即界面子系统)、任务管理子系统(即业务处理子系统)和数据管理子系统(即数据访问处理子系统)。

2. 对象设计

在面向对象的系统中,模块、数据结构及接口等都集中地体现在对象和对象层次结构中,系统开发的全过程都与对象层次结构直接相关,是面向对象系统的基础和核心。面向对象的设计通过对象的认定和对象层次结构的组织,确定解空间中应存在的对象和对象层次结构,并确定外部接口和主要的数据结构。

对象设计是为每个类的属性和操作进行详细设计,包括属性和操作的数据结构以及实现算法,以及类之间的关联。另外,在 OOA 阶段,将一些与具体实现条件密切相关的对象,如与图形用户界面(GUI)、数据管理、硬件及操作系统有关的对象推迟到 OOD 阶段考虑。

在进行对象设计的同时也要进行消息设计,即设计连接类与它的协作者之间的消息的名称、消息参数等消息约定。

7.3.2　面向对象设计与面向对象分析的关系

面向对象的方法不强调分析与设计之间严格的阶段划分。回顾体现面向对象方法进程特点的“喷泉模型”,我们不难看出,软件生存周期的各阶段交叠回溯,整个生存周期的概念一致,表示方法也一致,因此从面向对象分析到面向对象设计无须表示方式的转换。当然,分析和设计也有不同的分工与侧重。与 OOA 的模型比较,OOD 模型的更靠近实现,因为它包含了与具体实现有关的细节,但是建模的原则和方法是相同的。例如,图 7.19 所示的就是图书管理系统借还图书和图书预定业务功能 OOA 阶段的类图,图 7.20 所描述的该图书借阅、图书预定功能 OOD 阶段的类图。与 OOA 阶段的类图比较,OOD 阶段的类图增加了边界类和控制类。边界类用于描述外部参与者与系统之间的交互,边界类一般就是指窗口类(也称为界面类),即用户界面。控制类用于对一个或几个用例所特有的控制行为进行建模,完成用例的业务逻辑的实现。在图 7.19 中增加的“借书窗口”就是边界类,是用户进行借书处理时的操作界面;增加的“借书处理控制类”即属于控制类,完成借书的业务规则和内部业务流程的控制。

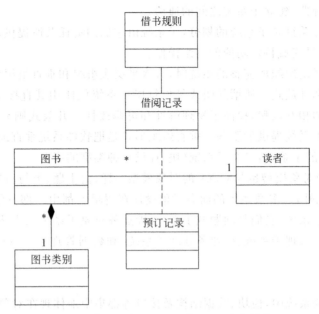

图 7.19　借还图书和预订图书 OOA 阶段的类图

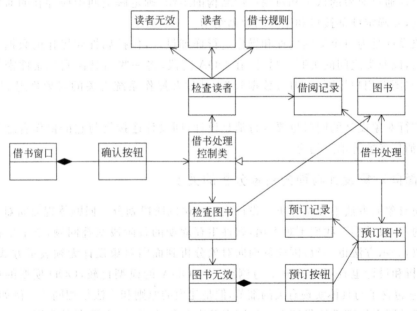

图 7.20　图书管理系统借还图书和预订图书 OOD 阶段的类图

7.3.3　面向对象设计基本原则

　　由于 OOA 与 OOD 在概念、术语、描述方式上的一致性，建立一个针对具体实现的 OOD 模型，可以看作是按照设计的准则，对分析模型进行细化。这些设计准则并非只适用于面向对象系统设计，但在面向对象系统设计中有着不同的含义，也起着重要的支持作用。面向对象的设计准则有以下几方面。

1. 抽象

抽象是指强调实体的本质和一般的属性,而忽略一些不反映实体本质特征的属性。在系统开发中,分析阶段使用抽象仅仅涉及应用域的概念,在理解问题域以前不考虑设计与实现。而在面向对象的设计阶段,抽象概念不仅用于子系统,在对象设计中,对象具有极强的抽象表达能力,而类实现了对象的数据和行为的抽象。

2. 信息隐蔽

信息隐蔽在面向对象的方法中也即"封装性",封装性是保证软件部件具有优良的模块性的基础。封装性是将对象的属性及操作(服务)结合为一个整体,尽可能屏蔽对象的内部细节,软件部件外部对内部的访问通过接口实现。类是封装良好的部件,类的定义将其说明(用户可见的外部接口)与实现(用户内部实现)分开,而对其内部的实现按照具体定义的作用域提供保护。对象作为封装的基本单位,比类的封装更加具体、更加细致。

3. 弱耦合

在面向对象设计中,耦合主要指不同对象之间相互关联的程度。如果一个对象过多地依赖于其他对象来完成自己的工作,则不仅使该对象的可理解性下降,而且还会增加测试、修改与维护的难度,同时降低了类的可重用性和可移植性。

虽然对象不可能是完全孤立的,但是当两个对象必须相互联系时,应该通过类的公共接口实现耦合,不应该依赖于类的具体实现细节。

如果对象之间的耦合是通过消息传递来实现的,则这种耦合就是交互耦合。在设计时应该尽量减少对象之间发送的消息数和消息中的参数个数,降低消息连接的复杂程度。

继承耦合是一般化类与特殊化类之间的一种关联形式,设计时应该适当使用这种耦合。在设计时要特别认真分析一般化类与特殊化类之间继承关系,如果抽象层次不合理,可能会造成对特殊化类的修改影响到一般化类,使得系统的稳定性降低。另外,在设计时特殊化类应该尽可能多地继承和使用一般化类的属性和服务,充分利用继承的优势。

4. 高内聚

设计类的原则是一个类的属性和操作全部都是完成某个任务所必需的,其中不包括无用的属性和操作。例如设计一个平衡二叉树类,该类的目的就是要解决平衡二叉树的访问,其中所有的属性和操作都与解决这个问题相关,其他无关的属性和操作不用设计在这个类中。在面向对象设计中,内聚可分为下述三类:

(1)服务(操作)内聚。一个服务应该是单一的,即只完成一个任务。

(2)类内聚。类内聚要求类的属性和服务应该是高内聚的,而且它们应该是系统任务所必需的。一个类应该只有一个功能,如果某个类有多个功能,通常应该把它分解成多个专用的类。

(3)一般-特殊内聚。特殊类应该尽量地继承一般类的属性和服务。这样的一般-特殊结构是高内聚的。

5. 可重用

软件重用是从设计阶段开始的,所有的设计工作都是为了使系统完成预期的任务,为了提高工作效率、减少错误、降低成本,就要充分考虑软件元素的重用性。重用性有两个方面的含义：

（1）尽量使用已有的类，包括开发环境提供的类库和已有的相似的类。

（2）如果确实需要创建新类，则在设计这些新类时考虑将来的可重用性。

设计一个可重用的软件比设计一个普通软件的代价要高，但是随着这些软件被重用次数的增加，其设计和实现成本就会不断降低。

达到了弱耦合、强内聚的子系统和类，才能够有效地提高所设计的部件的可重用性。

7.3.4 面向对象设计模型

面向对象设计是将 OOA 所创建的分析模型转化为设计模型。从图 7.19 和图 7.20 可以看出，OOD 和 OOA 采用相同的模型符号表示，且这两个阶段没有明显的分界线，它们往往反复迭代地进行。在 OOA 的模型中为系统的实现补充一些新的类，或在原有类中补充一些属性和操作。在面向对象设计时应能从类中导出对象及其关联，还要描述对象间的关系、行为以及对象间的通信如何实现，然后使用对象模型、动态模型来描述待实现的软件系统的结构。

7.3.5 面向对象设计过程

面向对象设计过程的主要活动包括架构设计（子系统设计、接口设计）和对象设计。

1. 系统架构设计

系统构架设计的目的是要勾画出系统的总体结构，这项工作一般由经验丰富的构架设计师主持完成。该活动从系统功能、面向对象分析模型入手，设计出系统的物理结构、子系统及其接口等。

（1）系统物理结构设计。

系统可以显示计算结点的拓扑结构、硬件设备配置、通信路径、各个结点上运行的系统软件配置和应用软件配置。可以将系统分析阶段分析获得的功能分配在这些物理结点上。

图 7.21 是图书管理系统的一个物理结构示意图。考虑到图书馆内部用户如果也通过互联网使用系统，效率会受影响。所以这个系统中设计了三种访问模式：一种是远程读者，通过 Internet 访问系统，实现查询图书、预借图书的功能；第二种是本单位其他部门的读者，通过单位局域网查询、预借图书；第三种是图书馆内部工作人员，在局域网上完成日常的借还书、采编、图书管理等工作。

（2）子系统设计。

对于一个复杂的软件系统来说，将其分解成若干个子系统，子系统内还可以继续划分子系统，这种自顶向下、逐步细化的组织结构非常符合人类分析问题的思路。

每个子系统与其他子系统之间应该定义接口，在接口上说明交互信息，一般进行子系统设计时不描述子系统的内部实现。

划分各个子系统的方式通常有以下几种：

- 按照功能划分，将相似的功能组织在一个子系统中；
- 按照系统的物理布局划分，将在同一个物理区域内的软件组织为一个子系统；

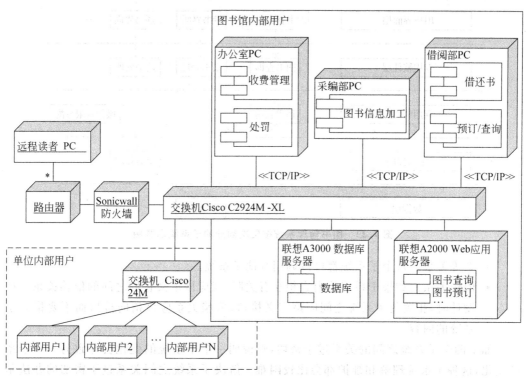

图 7.21 图书管理系统物理结构示意图

- 按照软件层次划分子系统,软件层次通常可划分为用户界面层、专用软件层、通用软件层、中间层和数据层。

图书管理系统按层次划分子系统的示意图如图 7.22 所示。其中:

- 用户界面层是与用户应用有密切关系的内容,主要接收用户的输入信息,并且将系统的处理结果显示给用户。这部分变化通常比较大,所以建议将界面层剥离出来,用一些快捷有效的工具实现。

- 专用软件层是每个项目中特殊的应用部分,它们被复用的可能性很小。在开发时可以适当地减小软件元素的粒度,以便分离出更多的可复用构件,减少专用软件层的规模。

- 通用软件层是由一些公共构件组成,这类软构件的可复用性很好。在设计应用软件时首先要将软件的特殊部分和通用部分分离,根据通用部分的功能检查现有的构件库。如果有可用的构件,则复用已有的构件会极大地提高软件的开发效率和质量,否则应尽可能设计可复用的构件并且添加到构件库中,以备今后复用。

- 数据层主要存放应用系统的数据,通常由数据库管理系统管理,常用的操作有更新、保存、删除、检索等。

划分子系统后,要确定子系统之间的关系。子系统之间的关系一般有以下几种形式:

- 请求-服务关系。"请求子系统"调用"服务子系统","服务子系统"完成一些服务,并且将结果返回给"请求子系统"。

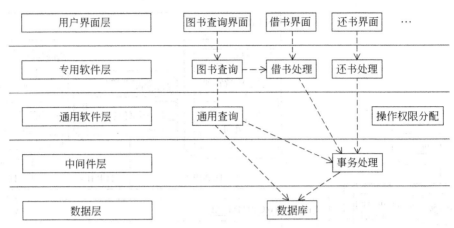

图7.22　图书管理系统按层次划分的子系统示意图

- 平等关系。每个子系统都可以调用其他子系统。
- 依赖关系。如果子系统的内容相互有关联，就应该定义它们之间的依赖关系。在设计时，相关的子系统之间应该定义接口，依赖关系应该指向接口而不要指向子系统的内容。

如果两个子系统之间的关系过于密切，则说明一个子系统的变化会导致另一个子系统变化，这种子系统理解和维护都会比较困难。解决子系统之间关系过于密切的办法基本上有两个：

- 重新划分子系统。这种方法比较简单，将子系统的粒度减少；或者重新规划子系统的内容，将相互依赖的元素划归到同一个子系统之中；
- 增加子系统接口的定义，将依赖关系定义到接口上。

（3）子系统接口设计。

每个子系统的接口上定义了若干操作，体现了子系统的功能，而功能的具体实现方法应该是隐藏的，其他子系统只能通过接口间接地享受这个子系统提供的服务，不能直接操作它。

2. 对象设计

面向对象设计阶段需要研究分析阶段产生的系统对象模型图和动态模型图，分析系统的每个功能，添加完成该功能必需的类，并分析实现该功能的类以及类之间的相互关系。

例如，按照图7.23所示的系统分层结构，完成"借书"功能除分析阶段的"读者类""图书类""预订类"和"借阅记录类"之外，还需要"借书界面类""借书处理类"。这些类一起合作才能完成"借书"功能。类之间的关系如图7.20所示。

对象设计阶段还要为每个类的属性和操作做详细的设计，从实现的角度，进一步挖掘和补充对象之间的关系。对象设计的主要工作包括：

（1）细化和重组类。以分析类模型作为指导，设计各层类的属性和操作，并重新组织类之间的关系。

（2）细化和实现类之间的关系，明确其可见性；增加遗漏的属性，指定属性的类型和可见性。

（3）分配职责，定义每个职责的方法。

（4）确定消息的传递方式。

（5）设计出每个功能详细的事件追踪图。

对象设计是为每个类的属性和操作进行详细设计，包括属性的数据结构和操作的实现算法，以及类之间的关联。另外，在对象设计阶段，还要设计与具体实现条件密切相关的对象，如与图形用户界面（GUI）、数据管理、硬件及操作系统有关的对象。

本 章 小 结

本章主要介绍了对象、类、属性、消息、继承等面向对象基本概念已经它们的描述方法。面向对象方法基于对象概念来构建面向对象分析和面向对象设计模型，使分析、设计和实现软件系统的过程与认识客观世界的过程一致。

面向对象分析是理解用户需求并建立问题域精确模型的过程。面向对象分析的主要任务就是识别问题域的对象并分析它们相互之间的关系，最终建立简洁、可理解的、正确的分析模型。面向对象分析中建造的模型主要有对象模型、动态模型和功能模型。这 3 个模型从不同的角度对系统进行描述。

建立对象模型的基本步骤是：首先确定业务对象类以及它们之间的联系，对于大型复杂问题还要进一步划分出若干个主题；然后确定对象类的属性和操作；最后利用适当的泛化关系进一步组织类。

建立动态模型的基本步骤是：首先分析需求中每个业务功能的场景，从场景脚本中提取出事件，确定触发每个事件的动作对象以及接受事件的目标对象，建立事件追踪图；然后，确定每个对象可能有的状态及状态间的转换关系，并建立状态图；最后，比较各个对象的状态图，检查它们之间的一致性，确保事件之间的匹配。

面向对象设计是将面向对象分析阶段所创建的分析模型转换为设计模型，设计出以类和对象表示的软件系统结构。面向对象设计时主要使用对象模型、动态模型来描述待实现的软件系统的结构。

在介绍完面向对象的基本概念、面向对象分析和面向对象设计的基本任务之后，下一章将介绍基于 UML 的面向对象分析和设计建模。

习　　题

1. 什么是对象和类？类和对象有什么联系？

2. 举例实例说明一般-特殊关系、聚集关系和组合关系。

3. 面向对象的基本特征是什么？

4. 面向对象分析包括哪些活动？应该建立哪些类型的模型？

5. 对象模型的主要组成元素是什么，构建对象模型的主要步骤是什么？

6. 简述动态模型的主要特征，说明事件、事件追踪图、状态、状态图的主要含义。

7. 描述面向对象分析和面向对象设计的主要关系。

8. 面向对象设计的主要任务是什么？

9. 面向对象设计中如何做才能够实现和达到弱耦合、高内聚？

10. 针对第 4 章习题 8，构建系统的对象模型。

11. 针对第 4 章习题 10，运用面向对象技术，分析、确定基本类，构建系统 OOA 阶段对象模型，在此基础上，再构建出 OOD 阶段的类图。

12. 若由你负责完成一个校园问卷调查软件的研发，你觉得基本类应该有哪些？构建出对象模型。

第 8 章

UML 建模

UML 是 Unified Modeling Language(统一建模语言)的简称,是支持面向对象软件开发的建模语言。UML 的目标之一就是为开发团队提供标准、通用的设计语言来设计软件系统。UML 保持了面向对象技术的基本思想,并从多个角度利用模型对软件进行描述。

本章主要介绍 UML 的发展进程、UML 中用例模型、静态模型、动态模型等模型视图的基本形式和构建方法。

本章要点:

* UML 概述;
* 用例模型的构建;
* 静态模型的构建;
* 动态模型的构建。

8.1 UML 概述

目前国际上已出现了多种面向对象的方法,每种方法都有自己的表示符号、过程和工具,甚至各种方法所使用的术语也不尽相同。这一现状导致开发人员经常为选择何种面向对象方法而引起争论,由于每种方法都各有短长,因此很难找到一个最佳答案。UML 正是为了简化和统一现有的面向对象开发方法这一目的而开发的。

8.1.1 发展历史

1994 年 Booch 和 Rumbaugh 在 Rational 软件公司开始了 UML 的工作,其目标是创建一个"统一的方法",他们把 Booch 和 OMT 面向对象方法统一起来,于 1995 年发布了 UM 0.8(Unified Method,统一方法)。1995 年 OOSE 的创始人 Jacobson 加盟到这项工作中,他们在研究过程中认识到,由于在不同的公司和不同的文化之间,过程(或方法)的区别是很大的,要创建一个人人都能使用的标准过程(或方法)相当困难,而建立一种标准的建模语言比建立标准的过程(或方法)要简单得多。因此,他们的工作重点放在创建一种标准的建模语言,并重新命名为统一的建模语言(Unified Modeling Language,UML)。他们以 Booch 方法、OMT 方法、OOSE 方法为基础,吸收了其他流派的长处,于 1996 年 6 月至 1997 年 11 月,先后推出了 UML 0.9、UML 0.91、UML 1.0、UML 1.1 等多个版本。在此期间,UML 获得了美国工业界和学术界的广泛支持,1996 年底,UML 已稳定地占领了面向对象技术市场的 85%，成为事实上的工业标准。1997 年 11 月，国际对象管理组织 OMG（Object Management Group）批准把 UML 1.1 作为基于面向对象技术的标准建模语言。之后，UML 进行了持续的修订和改进，先后产生了 UML 1.2、1.3、1.4、1.5 版本，到 2004 年推出了 UML 2.0。与 UML 1.x 各版本相比，UML 2.0 做了重大的修改。

UML 是一种建模语言，方法与建模语言是不同的。一个方法告诉用户做什么、怎么做、什么时候做和为什么做（特定活动的目的），方法包括模型，这些模型用来描述某些内容，并传达使用一个方法的结果。模型用建模语言来表达，建模语言由符号（模型中使用的符号）和一组如何使用它的规则（语法、语义和语用）组成。

8.1.2　UML 简介

一个系统往往可以从不同的角度进行观察，从一个角度观察到的系统，构成系统的一个视图（view），每个视图是整个系统描述的一个投影，说明了系统的一个特殊侧面。若干个不同的视图可以完整地描述所建造的系统。视图是由若干幅图（diagram）组成的一种系统抽象。每种视图用若干幅图来描述，一幅图包含了系统某一特殊方面的信息，它阐明了系统的一个特定部分或方面。一幅图由若干个模型元素组成，模型元素表示图中的概念，如类（class）、对象（object）、用例（use case）、结点（node）、接口（interface）、包（package）、注解（note）、组件（component）等都是模型元素，而且表示模型元素之间相互连接的关系也是模型元素。

UML 中包括如下 8 种视图：静态视图、用例视图、设计视图、部署视图、状态视图、活动视图、交互视图和模型管理视图，具体描述的如表 8.1 所示。

表 8.1　UML 中的视图和图

主 题 域	视 图	图
结构（structural）	静态视图（static view）	类图（class diagram）
	设计视图（design view）	协作图（collaboration diagram）
		组件图（component diagram）
	用例视图（use case view）	用例图（use case diagram）
动态（dynamic）	状态视图（state view）	状态图（state diagram）
	活动视图（activity view）	活动图（activity diagram）
	交互视图（interaction view）	顺序图（sequence diagram）
物理（physical）	部署视图（deployment view）	部署图（deployment diagram）
管理（management）	模型管理视图（model management view）	包图（package diagram）

8.1.3　视图

从表 8.1 看出，基于 UML 建模描述系统时，整体划分成 4 个主题域：结构、动态、物理和管理。结构域描述了系统中的结构成员及其相互关系,包括静态视图、设计视图和用例视图。动态域描述了系统的基本行为或其他随时间变化的行为,包括状态视图、活动视图和交互视图。物理域描述了系统中的计算资源及其总体结构上的部署,包括部署视图。模型管理域描述层次结构中模型自身的组织,包是模型通常的组织单元。

1. 静态视图

静态视图对应用领域中的概念以及与系统实现有关的内部基本要素建模,主要由类以及类之间的相互关系组成,不描述依赖于时间的系统行为。静态视图用类图来展示。

2. 设计视图

设计视图针对软件系统的结构建模。设计视图由协作图和组件图实现。

3. 用例视图

用例视图对用户所使用的系统进行功能建模。用例视图的意图是列出系统中的用例和参与者,并显示哪个参与者参与了哪个用例的执行。用例的行为用动态视图,特别是交互视图来表示。用例视图用用例图来展示。

4. 状态视图

状态视图对一个类的对象的可能生命历程建模。当一个事件发生时,它会导致触发对象的一个状态向另一个新状态的转移,附加在转移上的动作或活动也同时被执行。状态视图用状态图来展示。

5. 活动视图

活动视图展示了用例或系统的流程。活动视图用活动图来展示。

6. 交互视图

交互视图描述系统中对象间消息交换的顺序。交互视图提供了系统中行为的整体描述,也就是说,它展示了多个对象间交互的控制流。交互视图用顺序图和协作图来展示。

7. 部署视图

部署视图用来显示系统中软件和硬件的物理架构。从部署视图中可以看出,软件和硬件之间的物理关系以及处理结点的组件分布情况。部署视图用部署图来展示。

8. 模型管理视图

模型管理视图是对模型自身的组织建模。一个模型由一组保存模型元素(如类、状态、用例)的包组成,包中还可以包含其他的包,模型管理信息通常在包图中展示,它是类图抽象的结果。

8.1.4 UML 中的图

本节对 UML 2.0 中的各种图做简单的介绍。

1. 类图

类图展示了系统中类的静态结构,即类与类之间的相互联系。类之间有多种联系方式,详细描述见 8.3 节。

对象图是类图的实例,它展示了系统执行在某一时间点上的一个可能的快照。对象图使用与类图相同的符号,只是在对象名下面加上下画线,同时它还显示了对象间的所有实例链接关系。

2. 协作图

协作图展示了对象之间的协作关系，为了完成某一功能，相关的一组对象需要发送消息互相协作。

3. 组件图

组件图展示了系统中组件之间的使用、依赖等关系。

4. 用例图

用例图展示了各类外部参与者与系统所提供的用例之间的连接。一个用例是系统所提供的一个功能（或者系统提供的某一特定用法）的描述，对应于用户的一个需求。用例图给出了用户所感受到的系统行为，但不描述系统如何实现该功能。用例通常用普通正文描述，也可以用活动图来描述。

5. 状态图

状态图通常是对类描述的补充，它说明该类对象所有可能的状态以及哪些事件将导致状态的改变。

并不是所有的类都要画状态图，有些类在整个系统交互过程中存在不同的状态，且状态随着动作发生变化，对这些类需要画状态图。

6. 活动图

活动图展示了连续的活动流。活动图通常用来描述完成一个操作所需要的活动。当然它还能用于描述其他活动流，如描述用例。活动图由动作状态组成，它包含完成一个动作的活动的规约（即规格说明）。当一个动作完成时，将离开该动作状态。活动图中的动作部分还可包括消息发送和接收的规约。

7. 顺序图

顺序图展示了几个对象之间的动态交互关系。该图主要是用来显示对象之间发送消息的顺序，显示了对象之间的交互，即系统在某一特定点所发生的事件。

8. 部署图

部署图展示了运行时各个结点如何部署和配置，例如运行时的数据库文件、程序模块等等在系统中如何分布。部署图中显示部署在结点上的制品和它们之间的关系，以及结点之间的连接和通信方式。

9. 包图

包是对模型元素进行组织的一种机制。包图是由包及其间的关系组成的结构图。一个系统可以从不同的视点（如分析模型、设计模型）设计多个模型，这些模型可以用不同的包来进行组织。

8.2　用例模型的构建

用例建模是一个从外部视角来描述目标系统行为的过程。用例描述系统将要做什么而不是如何做。因此，用例分析的重点是为系统外部可见的视图（而不是内部视图）建模，用例分析让系统设计人员关注系统的功能需求。对客户而言，用例模型指明了系统的功能，描述了系统能够为用户提供的服务。用例建模时需要客户积极参与，客户的参与使模型能反映客户所希望的细节,并用客户的语言和术语来描述用例,使结果更易于理解。对开发者而言,用例模型有利于帮助他们理解系统要做什么,同时为以后的其他模型建模、结构设计和实现等提供依据。集成测试和系统测试人员根据用例来测试系统,以验证系统是否完成了用例指定的功能。

8.2.1　用例图的模型元素

用例模型通过用例图体现,用例图由三部分构成,也称为三要素:参与者、用例和用例之间的通信、用例描述(包括详细描述用例的用例描述和最初用来识别用例的问题陈述)。另外,用例图还需要描述出系统边界。

1. 参与者

参与者是与系统、子系统或类发生交互作用的外部用户。

每个参与者可以参与一个或多个用例的执行。它通过交换信息与用例发生交互作用,因而与用例所在的系统或类发生了交互操作。

参与者可以是人、另一个计算机系统、外部设备或一些可运行的进程。用例图中的参与者与用例的具体符号如图 8.1 所示。

图 8.1　参与者与用例的表示符号

2. 用例

用例是外部可见的一个系统功能单元,这些功能由系统单元所提供,并通过一系列系统单元与一个或多个参与者之间交换的消息所表达。设计用例的主要目标是:确定和描述系统的功能要求,给出清晰和一致的关于系统做什么的描述,为进行系统测试验证系统正确性,提供从功能需求到系统的实际类和操作的跟踪能力。

用例的内部动态执行过程可以用 UML 的交互作用来说明,可以用状态图、顺序图或非正式的文字描述等来表示。用例功能的执行通过类之间的协作来实现。一个类可以参与多个协作,因此也参与了多个用例。

用例除了与其参与者发生关联外,还可以参与系统中的其他用例的执行,UML 用例图中的关系主要有:关联、扩展、包含和泛化,具体关系如表 8.2 所示。

表 8.2　用例间的关系

关　　系	功　　能	表　示　法
关联	参与者与其参与执行的用例之间的通信途径	——————
扩展	在基础用例上插入其不能说明的扩展部分	≪extend≫ - - - - - -→
泛化	用例之间的一般和特殊关系,其中特殊用例继承了一般用例的特性并增加了新的特性	————————▷
包含(使用)	伴随基础用例的执行而引发另一用例的执行	≪include/use≫ - - - - - - -→

一个用例模型可由若干张用例图组成。图 8.2 给出了某学生成绩管理的用例图。

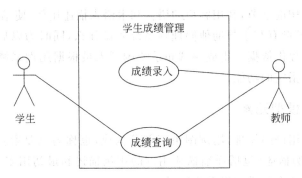

图 8.2   学生成绩管理用例图

8.2.2   确定参与者

创建用例图的步骤一般包括：确定参与者、确定用例、描述用例、定义用例间的关系、确认模型。因此，参与者的确定是构建用例图的起点。

1. 明确参与者的含义

参与者是指与系统交互的人或其他系统。"与系统交互"是指参与者向系统发送消息，或从系统获得消息，或与系统交换信息。

参与者代表一种角色，而不是具体的某个人。例如张三要申请借书，则要创建的是申请人这个角色，而不是张三这个人。一个人在系统中可以是几个不同的参与者，即表示他担任了几个角色，但是不同的角色彼此间可能会有一定的限制，如他不能既提交借书要求，又审核借书要求。

参与者可分成主参与者和副参与者。主参与者使用系统的主要功能，例如，在图书管理系统中，主参与者之一是图书管理员，参与执行借书、还书以及图书维护等主要功能。副参与者为系统管理员，负责执行系统的辅助功能，如数据备份、系统权限设置等系统维护工作。这两类参与者都要建模，以确保系统功能特性能够得到完整确定和体现。

2. 寻找参与者

我们可以通过回答下列问题来确定参与者：

（1）谁使用系统的主要功能（主参与者）？

（2）谁需要从系统中得到对他们日常工作的支持？

（3）谁需要维护、管理和维持系统的日常运行（副参与者）？

（4）系统需要控制哪些硬件设备？

（5）系统需要与哪些其他系统交互？

（6）哪些人或哪些系统对系统产生的结果（值）感兴趣？

（7）谁提供信息给系统？

8.2.3   确定用例

一个用例表示参与者所参与的一个完整的功能。在 UML 中用例是一些列动作的组合。

用例通过关联与参与者连接,关联指出一个用例与哪些参与者交互,这种交互是双向的。

1. 用例的特征

(1) 用例总是被参与者启动的,参与者直接或间接地指示系统去执行用例。

(2) 用例向参与者提供信息,这些信息是可识别的。

(3) 用例是完整的,一个用例必须是一个完整的动作过程。

2. 寻找用例

可以通过让每个参与者回答以下问题来寻找用例:

(1) 参与者需要系统提供哪些功能? 参与者需要做什么?

(2) 参与者是否需要读取、创建、删除、修改或储存系统中的某类信息?

(3) 参与者是否要被系统中的事件提醒,或者参与者是否要提醒系统中某些事情? 从功能观点看,这些事件表示什么?

(4) 参与者的日常工作是否因为系统的新功能(尤其是目前尚未自动化的功能)而被简化或提高了效率?

(5) 与当前系统(可能是人工系统而不是自动化系统)的实现有关的主要问题是什么?

值得注意的是,对同一个系统,不同的开发者选取的用例可能是不一样的。例如一个系统,有人选取了 10 个用例,有人选用了 40 个用例。10 个似乎太少,而 40 个又太多,一个适中的处理办法是参照以往完成的类似系统,分析项目规模,用例数保持相对均衡。一种不适当的用法是把一个用例分成几个粒度极小的用例,这些小的用例像程序设计语言中的函数一样相互调用。而大量事实证明,在最终的结果产生之前,这些小的用例都是不完整的,过于零碎。

3. 用例描述

用例通常用正文描述,它是一份关于参与者与用例如何交互的简明和一致的规约。它着眼于系统的外部交互行为,而忽略系统内部的实现。描述中主要使用客户所使用的语言和术语。用例的正文描述应包括以下内容:

(1) 用例的目的:用例的最终目的是什么? 它试图达到什么?

(2) 用例是如何启动(initiate)的:哪个参与者在什么情况下启动用例的执行?

(3) 参与者和用例之间的消息流:用例与参与者之间交换什么消息或事件来通知对方改变或恢复信息?

(4) 用例中可供选择的流:用例中的活动可根据条件或异常有选择地执行。

(5) 如何通过给参与者一个值来结束用例:描述何时可认为用例已结束。

一个用例详细描述的内容包括用例名称、简述、前置条件、后置条件、事件流等。前置条件和后置条件分别表示用例开始和结束的条件,事件流是从参与者的角度,列出用例的执行步骤。用例描述中可以包含条件、分支和循环等。

例如,"借阅图书"用例的详细描述如表 8.3 所示。

表8.3　借阅图书用例描述

用 例 名 称	借 阅 图 书
用例描述	读者若是本校学生或学校在职人员，均可以通过管理员借阅校图书馆图书，根据读者身份不同，读者可以借阅书的数目和种类均不同
基本事件流	① 读者将个人的一卡通放在感触器上，并将所借书交给系统管理员 ② 系统显示读者信息和读者借阅信息 ③ 管理员通过扫描仪扫描图书条形码，在屏幕上显示图书基本信息 ④ 管理员通过系统添加读者借阅信息 ⑤ 系统更改图书状态，更新读者图书业务信息 ⑥ 管理员将书交给读者，重复③、④、⑤步直到借阅完成
扩展流	① 感触器或扫描仪损坏，管理员手动输入读者编号或图书条形码 ② 读者借阅数目已满，无法执行借书用例 ③ 读者有逾期未还的书，先交纳罚金，才能继续借书 ④ 一卡通已过期，无法进行借书 ⑤ 借阅图书已被预订，用例终止
特殊需求	系统必须在1秒内响应用户的输入
前置条件	管理员要提前登录系统，并打开外围设备仪器
后置条件	无

在用例描述中还可包含一些其他的特殊需求，这些需求常常是非功能性需求，如可用性、安全性、可维护性、负载、性能、自动防故障、数据需求等。

用例模型不必过于形式化，可以给出一些真实场景作为用例描述的补充。这些场景体现了一些特殊的情况，其中参与者和用例都以实例形式出现。当用多个实例的场景描述系统的行为时，便于用户理解一个复杂的用例。但是场景描述只是一种补充，它不能替代用例描述。

下面以一个简化的某大学图书管理系统为例进行用例分析和用例图的构建。系统的需求陈述如下：

读者来图书馆借书，可能先查询馆中的图书信息。查询可以按书名、作者、图书编号、关键字查询。如果查到并且在馆，则记下书号，交给流图书管理员，等待办理借书手续。如果该书已经被全部借出，可做预订登记，等待书到的通知。如果图书馆没有该书的记录，可进行缺书登记。

办理借书手续时先要出示借阅证，如果借书数量超出规定，则不能继续借阅。借书时图书管理员登记借阅证条码、图书编号、借出时间（自动取系统当前日期和时间）和应还书时间。

当读者还书时，图书管理员根据借阅证条码找到读者的借书信息，查看是否超期。如果已经超期，则进行超期处罚。如果图书有破损或读者报告图书丢失，则也要进行处罚。

（1）识别参与者。经过分析，系统的参与者主要有两类：读者和图书管理员，其中，读者分为学生和教职工。

（2）识别用例。从系统的需求陈述可知：读者通过图书管理系统，能够进行查询图书信息、预订图书、取消预订、借书、还书、查询个人借阅信息、缴纳罚款等操作；图书管理员能够受理还书和借书、查询图书信息、查询读者信息、办理图书预订、收缴罚款等。由此分析得到该系统的用例图如图 8.3 所示。

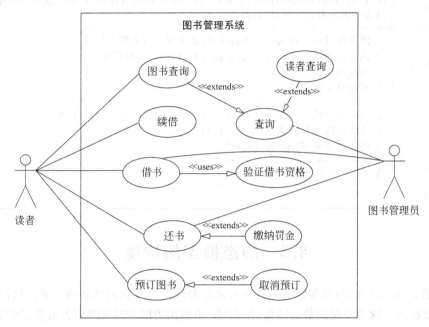

图 8.3　图书管理系统用例图

（3）用例描述。下面给出部分用例的详细描述。

还书用例如表 8.4 所示。

表 8.4　还书用例描述

用例名称	还　书
用例描述	当读者阅读完所借图书或者借阅期限到，应该通过图书管理员还书，假如逾期，还应附加缴纳罚款
基本事件流	① 读者将图书交给管理员，并将卡放在感触器上，系统显示读者信息和借阅信息 ② 管理员通过扫描仪扫描图书条形码，显示图书基本信息 ③ 管理员更新图书状态，删除读者相应借阅信息 ④ 管理员重复②、③步，直至所还书全部处理完
扩展流	① 感触器或扫描仪损坏，管理员手动输入读者编号或图书条形码 ② 还书逾期，读者需缴纳罚款 ③ 图书损坏，还书用例终止，读者需要赔偿
前置条件	管理员要提前登录系统，并打开外围设备仪器(扫描仪、感触器)
后置条件	无

预订图书用例如表 8.5 所示。

表 8.5 预定图书用例描述

用例名称	预 订 图 书
用例描述	读者可以通过系统预订自己想借的书，需要明确取书日期，系统接受预订请求后，可以为读者查看是否可以预订
基本事件流	① 读者通过系统查询所要借的图书，系统显示所有图书信息 ② 读者选择自己要预订的书，并输入取书日期，然后提交 ③ 系统锁定预订图书状态 ④ 系统显示预订成功
扩展流	① 输入预订图书信息后，系统显示没有合适自己的选项，预订终止 ② 读者借阅数目已满，提示"不可预订" ③ 服务器异常，提示"预订失败"
前置条件	读者需要登录系统
后置条件	无

8.3 静态模型的构建

在第 7 章已经介绍，对象模型的基本元素有类对象以及它们之间的关系。软件系统的对象模型描述了软件系统的静态结构，在 UML 中则用类图和对象图来表示静态模型。

8.3.1 类图和对象图

类图由系统中使用的类以及它们之间的关系组成，是静态模型之一，该图是构建其他图的基础。一个复杂的系统可以分成多张类图进行描述，一个类也可出现在几张类图中。

对象图是类图的一个实例，它描述某一时刻类图中类的特定实例以及这些实例之间的特定链接。对象图符号与类图基本相同，只是描述有差异，图 8.4 给出了类图和对象图中的图形符号。

图 8.4 类、对象的基本符号

1. 类之间的关系

UML 类图中的类间关系有关联、依赖、泛化和实现等几种形式，其特点和表示符号如表 8.6 所示。

表 8.6 类间的关系

关系	功　　能	符　　号
关联	类间连接的描述	———
依赖	两个模型元素之间的一种关系	------→
泛化	更特殊描述与更一般描述之间的一种关系，用于继承和多态性类型声明	——▷
实现	规约（specification）与它的实现之间的关系	------▷

下面分别介绍这几种关系在 UML 中的表示。

2. 关联

关联体现了系统中类之间的一般联系。关联的种类主要有二元关联、多元关联、受限关联、聚集和组成。

（1）二元关联。两个类之间的关联称为二元关联。关联的实例之一是链。关联关系是整个系统中各类使用的"胶粘剂"，如果没有它，各个类只能孤立存在，无法合成为一个整体，系统也就更谈不上了。

一个类所关联的任何一个连接点都叫做关联端，与类有关的许多信息都附在它的端点上。关联端有名字（角色名）和可见性等特性，而最重要的特性则是多重性，多重性对于二元关联很重要。

在 UML 中，二元关联用一条连接两个类的连线表示。如图 8.5 所示，连线上有相互关联的角色名而多重性则加在各个端点上。

图 8.5　二元关联

如果一个关联有自己特殊的属性，则它是一个关联类，该类中记录的是关联发生时出现的需要保存的属性信息，如图 8.6 所示。

在分析阶段，仅利用关联表示类之间存在逻辑关系，没有必要指定方向或者关心如何去实现，且应该尽量避免多余的关联。在设计阶段，关联用于体现类的定义和类之间职责的分离。此时，关联的方向性很重要，而且为了提高对象的存取效率和对特定类信息的定位，也可引入一些必要的多余关联或指明关联的具体特性。图 8.7 表示了一些关联的设计特性。

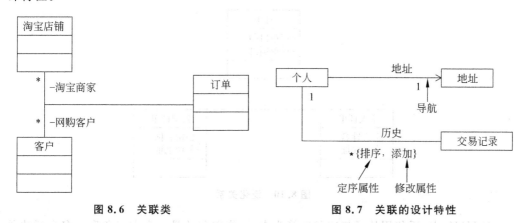

图 8.6　关联类　　　　　　　　　　**图 8.7　关联的设计特性**

（2）聚集和组成。与面向对象技术中对象模型的结构关系表示方法一样，部分类与整体类关系的关联称为聚集，它用端点带有空心菱形的线段表示，空心菱形与整体类（也称为聚集类）相连接。组成是更强形式的关联，整体有管理部分的特有的职责，它用一个实心菱形表示,并附在整体类一端。图 8.8 表示了聚集和组成关联的基本符号。

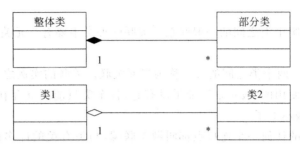

图 8.8　聚集和组成关联的基本符号

图 8.9 为聚集和组成关联的实例。

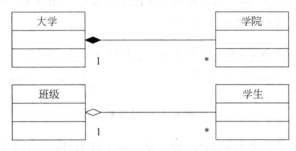

图 8.9　聚集和组成的实例

3. 泛化关系

泛化关系是类之间的一般和特殊关系,特殊描述建立在一般描述的基础之上,并对其进行了扩展。特殊描述不仅与一般描述具有一致的特性、方法和关系,并且还包含补充的信息。例如,在订单分为个人订单和公司订单,它们之间的关系就是一般和特殊的关系,如图 8.10 所示。

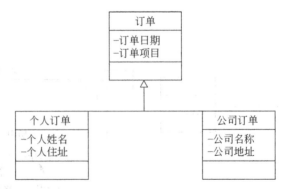

图 8.10　泛化关系

在 UML 中,泛化用从子指向父的箭头表示,指向父的是一个空三角形。多个泛化关系可以用箭头线组成的树来表示,每一个分支指向一个子类。

4. 实现

实现关系将一个模型元素(如类)连接到另一个模型元素(如接口),后者(如接口)是行为的说明,而不是结构或实现,前者(如类)必须至少支持(通过继承或直接声明)后者的所有操作。可以认为前者是后者的实现。

泛化和实现都可以将一般描述与具体描述联系起来。其区别是,泛化是同一语义层上的元素之间的连接,通常在同一模型内,而实现是不同语义层中的元素之间的连接,它通常建立在不同的模型内,如设计类就是分析类的一种实现。

实现关系用一条带封闭空箭头的虚线来表示(如图 8.11 所示),它与泛化关系的表示很相似。

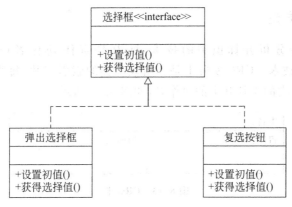

图 8.11 实现关系

5. 依赖

依赖指出两个或多个模型元素之间语义上的关系。它表示被依赖元素的变化会要求或指示依赖元素的改变。根据这个定义,关联和泛化都是依赖关系,但是它们有更特别的语义,因此它们有自己的名字和详细的语义。通常用依赖这个词来表示除关联、泛化以外的其他的关系。

表 8.7 列出了 UML 基本模型中的一些依赖关系。

表 8.7 依赖的具体形式

依 赖	功 能	关键词
访问	私有导入另一个包的内容	access
调用	陈述一个类调用另一个类的操作的方法	call
创建	陈述一个类创建另一个类的实例	create
派生	陈述一个实例能从另一个实例计算得到	derive
实例化	陈述一个类创建另一个类的实例的方法	instantiate
允许	允许一个元素使用另一个元素的内容	permit
实现	一个规约与它的实现之间的映射	realize
追踪依赖	陈述不同模型中的元素之间存在某种连接,但不如映射精确	trace
使用	陈述一个元素为了它正确地行使职责(包括调用、创建、实例化、发送等)要求另一个元素存在	use

依赖关系用一个虚线箭头表示,箭头上可附加关键字,关键字用来指明依赖的种类。图 8.12 为依赖关系的举例。

图 8.12   依赖关系

8.3.2   标识类的方法

这里介绍一种分析并标识类的技术,称为类-责任-协作者(class-responsibility-collaborator,CRC)技术。CRC 实际上是一组表示类的索引卡片,每张卡片分成三部分,它们分别描述类名、类的责任和类的协作者,如图 8.13 所示。

图 8.13   CRC 卡

1. 标识类

一组具有相同属性和操作的对象可以定义成一个类,因此标识类和标识对象是一致的。标识类的过程可分为标识潜在对象和筛选潜在对象二步进行。

（1）标识潜在对象。标识系统中的对象可以从问题陈述或用例描述着手。通常,问题陈述中的名词或名词短语可能即是潜在的对象,它们以不同的形式展示出来,如:

- 外部实体:如其他系统、设备、人员,他们生产或消费计算机系统所使用的信息。
- 事物:如报告、显示、信函、信号等,它们是问题信息域的一部分。
- 发生的事件或事情:如完成一系列遥控动作,它们出现在系统运行的环境中。
- 角色:如管理者、工程师、销售员,他们由与系统交互的人扮演。
- 组织单位:如部门、小组、小队,他们与一个应用有关。
- 场所:如制造场所、装载码头,它们建立问题和系统所有功能的环境。
- 构造物:如四轮交通工具、计算机,它们定义一类对象,或者定义对象的相关类。

可以通过回答下列问题来标识潜在对象:

- 是否有要储存、转换、分析或处理的信息？ 如有,那么它可能是候选的类。这些信息可能是系统中经常要保存的内容,或者可能是在特定时刻发生的事件或事务。
- 是否有外部系统？ 外部系统可视为系统中包含的或要与它交互的类。
- 是否有系统必须处理的设备？ 连接到系统的任何技术设备都可能成为处理这些设备的候选类。
- 是否有组织部分？ 可以用类表示一个组织。
- 业务中的参与者扮演什么角色？ 这些角色可以看作类,如客户、操作员等。

（2）筛选潜在对象。通过上述分析,我们得到了一些潜在的对象,但并非所有的潜在对象都会成为系统最终的对象。我们可以用以下选择特征对潜在对象进行筛选,以确定最终的对象。

- 保留的信息:仅当必须记住有关潜在对象的信息,系统才能运作时,则该潜在对象在分析阶段是有用的。
- 需要的服务:潜在对象必须拥有一组可标识的操作,它们可以按某种方式修改对象属性的值。
- 多个属性:在分析阶段,关注点应该是"较大的"信息(仅具有单个属性的对象在设计时可能有用,但在分析阶段,最好把它表示为另一对象的属性)。
- 公共属性:可以为潜在的对象定义一组属性,这些属性适用于该对象所有发生的事情。
- 公共操作:可以为潜在的对象定义一组操作,这些操作适用于该对象所有发生的事情。
- 必要的需求:出现在问题空间中的外部实体以及对系统的任何解决方案的实施都是必要的生产或消费信息,它们几乎总是定义为需求模型中的对象。

(3) 对象的分类。对象和类还可以按以下特征进行分类:

- 有形性(tangibility):类表示的是有形的事物(如,键盘或传感器),还是抽象的信息(如,预期的结果)?
- 包含性(inclusiveness):类是原子的(即不包含任何其他类),还是聚合的(至少包含一个嵌套的对象)?
- 顺序性(sequentiality):类是并发的(即,拥有自己的控制线程),还是顺序的(被外部的资源控制)?
- 持久性(persistence):类是短暂的(即,它在程序运行期间被创建和删除)、临时的(它在程序运行期间被创建,在程序终止时被删除)还是永久的(它存放在数据库中)?
- 完整性(integrity):类是易被侵害的(即,它不防卫其资源受外界的影响),还是受保护的(该类强制控制对其资源的访问)。

基于上述分类,对 CRC 卡的内容可以扩充为如图 8.14 所示的构成形式。

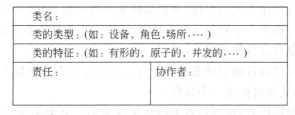

类名:	
类的类型:(如:设备,角色,场所,…)	
类的特征:(如:有形的,原子的,并发的,…)	
责任:	协作者:

图 8.14　扩充后的 CRC 卡

2. 标识责任

责任是与类相关的属性和操作,简单地说,责任是类应该具备的或要做的事情。

(1) 标识属性。属性用来描述类的特征。从本质上讲,属性确定了某个对象,一般可以从问题陈述中提取出或通过对类的理解而辨识出。

UML 中描述一个属性的语法如下：

[可见性]属性名[:类型]['['多重性[次序]']'][= 初始值][{特性}]

其中：

- 可见性表示该属性能否被访问，即访问权限。可见性包括公有的、私有的和受保护三种形式，分别用＋、－和♯符号表示。
- [ ]表示可选。
- '['多重性[次序]']'表示属性值的取值的多少以及有序性。
- 特性表示可读写方式。

例如：♯visibility:Boolean＝false{读写}，含义为属性"visibility"是 Boolean 类型，其值为 false，可读可写。name:String[0..10]表示属性"name"是字符串型，其值可为空，也可以最多 10 个字符组成。

（2）定义操作。操作定义了对象的行为并以某种方式修改对象的属性值。操作可以通过对系统过程叙述进行分析提取，通常叙述中的动词可作为候选的操作。

操作大致分为三类：

- 以某种方式操纵数据的操作（如，增加、删除、重新格式化、选择）。
- 完成某种计算的操作。
- 为控制事件的发生而监控对象的操作。

类操作描述了该类能做什么，即它提供哪些服务。UML 中描述一个操作的语法如下：

[可见性]操作名[(参数列表)：返回类型] [{特性}]

操作可见性的含义与属性中的含义相同。参数表是以逗号分隔列出。

操作是类接口的一部分，操作的实现称为方法（method）。操作可以用前置条件、后置条件和算法来指定。前置条件是在操作前必须为真的条件，后置条件是在操作后必须为真的条件。它表示该操作在前置条件成立的情况下，执行了相应的算法后，使后置条件成立。

3. 标识协作者

一个类可以通过操作去使用属性，从而完成某一特定的责任，一个类也可和其他类协作来完成某个责任。如果一个对象为了完成某个责任需要向其他对象发送消息，则我们说该对象和另一对象存在协作关系。

一个类的协作可以通过确定该类是否能自己完成每个责任来标识，如果不能，则它需要与另一个类交互，从而可标识一个协作。

为了更好地标识协作者，可以检查类间的从属关系。如果两个类具有整体与部分关系，或者一个类必须从另一个类获取信息，或者一个类依赖于另一个类，则它们间往往有协作关系。

4. 复审 CRC 卡

对 CRC 卡的复审应由客户和软件分析员参加，具体方法和过程如下：

（1）参加复审的人，每人拿 CRC 卡片的一个子集。注意，有协作关系的卡片要分开，即,没有一个人持有两张有协作关系的卡片。

(2) 将所有用例/场景分类。

(3) 复审负责人仔细阅读用例,当读到一个命名的对象时,将令牌传送给持有对应类的卡片的人员。

(4) 收到令牌的类卡片持有者要描述卡片上记录的责任,复审小组将确定该类的一个或多个责任是否满足用例的需求。当某个责任需要协作时,将令牌传给协作者,并重复 4。

(5) 如果卡片上的责任和协作不能适应用例,则需对卡片进行修改,这可能导致定义新的类,或在现有的卡片上刻画新的或修正的责任及协作者。持续这种做法至所有的用例都完成为止。

例如,根据标识类的技术,分析图书管理系统的需求,分析系统对象的各种属性,创建系统的静态模型。

首先,确定系统参与者对象的属性:

(1) 系统管理员登录系统,需要提供系统管理员用户名、密码及身份(系统管理员、普通管理员)信息。

(2) 师生读者登录系统也需要用户名和密码。对于每个学生读者还需要他们的基本信息,比如学号、姓名、院系、专业、身份(本科生、专科生、硕士生);教师读者也需要他们的教师号、姓名、性别、院系、职称(教授、副教授、讲师)等信息。

其次,确定系统的主要业务实体类,这些类通常需要在数据库中永久存储。

(1) 读者需要借图书,图书应该有个书籍类(书号、书名、作者、出版社、入库日期、定价、书籍简介、书籍状态)。

(2) 读者借了书以后应该登记借阅信息,所以有个借阅信息类(借阅证号、书号、借书(续借)日期、还书日期、续借次数、逾期天数、罚金)。

(3) 读者可以预订图书,所以有个预订信息类(借阅证号、书号、预订日期、取书日期)。

(4) 管理员需要对所有信息完成添加、删除、修改操作,并建立一个与数据库交互的业务逻辑类(该类无属性,有操作)。

根据分析,创建出用 UML 描述的图书管理系统的分析类图如图 8.15 所示。

8.3.3　包图

在面向对象软件开发中,类是构造整个系统的基本要素,但是对于庞大的应用系统而言,其包含的类将是成百上千,再加上其间"交错"的关联关系等,必然是大大超出了人们可以处理的复杂度,所以引入"包"对类进行进一步的管理。

在 UML 中,包是一种分组事物,通过包可以将类、用例、构件等聚集在一起,形成更高层的抽象,并作为一个成组的元素进行可视化。所以,包的作用就是对语义上相关的元素进行分组,定义模型中的"语义边界",提供封装的命名空间(在命名空间中元素的名称必须唯一)。

在 UML 中,包是用一个带标签的文件夹符号来表示,可以只表示包名,也可以详细

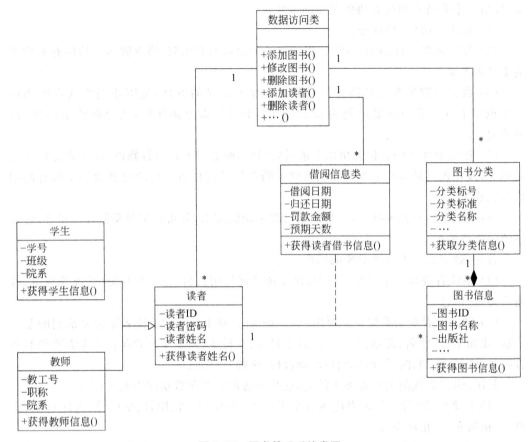

图 8.15   图书管理系统类图

描述包中的内容。包中的元素有类、接口、组件、结点、协作、用例、图以及其他包。一个模型元素只能被一个包所拥有，如果包被撤销，其中的元素也要随之消失。

1. 包的表示符号

包用类似文件夹的符号表示，共包含两栏内容。最常见的几种包的表示法如图 8.16 所示。

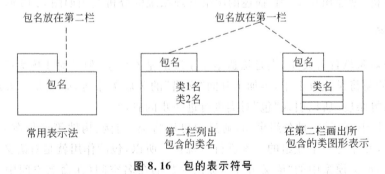

图 8.16   包的表示符号

一个包可以包含其他的包，嵌套包可以访问自身的元素，但应尽量避免使用嵌套包。

2. 包中的元素

在一个包中可以拥有各种其他元素,这是一种组成关系。每一个包就意味着一个独立的命名空间,两个不同的包,可以具有相同的元素名。在包中表示拥有的元素时,有两种方法:一种是在第二栏中列出所含元素名,第二种是在第二栏中画出所含元素的图形表示。

包内元素的可见性控制了包外部元素访问包内部元素的权限。包内元素的可见性有:

(1) 公有的(public):"＋"表示此元素可以被任何引用该包的其他包中的元素访问。

(2) 受保护的(protected):"♯"表示此元素可被继承该包的其他包中的元素访问。

(3) 私有的(private):"－"表示此元素只能被本包中所含的元素访问。

3. 包间关系

包之间可以有依赖和泛化两种关系。

(1) 依赖关系。包之间的依赖关系概述了包中所含内容之间的依赖特性,如图 8.17 所示,图书管理系统中界面包中定义的类主要完成界面的设计,界面上功能的实现要通过界面包调用业务处理包中的类来完成,所以,界面包和业务处理包之间就存在依赖关系。

图 8.17 包之间的依赖关系

(2) 泛化关系。包间的泛化关系与类之间的泛化关系类似,如图 8.18 所示。

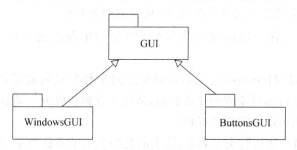

图 8.18 包之间的泛化关系

例如,在图书管理系统逻辑体系设计中,其系统包图如图 8.19 所示,一共有 3 个包:"图书业务处理"包、"用户界面"包和"数据库"包,在"图书业务处理"包中包含了实现图书管理的所有业务类;在"用户界面"包中包含了该系统的全部界面类;在"数据库"包中包含了与实现数据库服务有关的全部类。

图 8.19 图书管理系统包图

8.4　动态模型的构建

建立了系统用例模型后，还需要分析对象之间的相互作用，并以此体现系统对象的行为。一般可以从两方面考察对象的行为，一种是以相互作用的一组对象为中心，也就是通过交互模型（顺序图、协作图）；另一种是以独立的对象为中心，包括活动图和状态图。对象之间的相互作用构成系统的动态模型。

8.4.1　顺序图

顺序图描述了对象之间传送的消息及顺序，由此体现用例内部的行为及过程。当执行一个用例行为时，顺序图中的每条消息对应了一个类的操作。顺序图与本书第 7 章中介绍的事件追踪图的意义相似。

顺序图包含了 4 个元素，分别是对象（Object）、生命线（Lifeline）、消息（Message）和激活期（Activation），如图 8.20 所示。

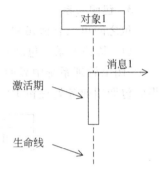

在 UML 中，顺序图将交互关系表示为二维图。其中，纵轴是时间轴，时间沿竖线向下延伸。横轴代表了在协作中各个独立的对象。当对象存在时，生命线用一条虚线表示，当对象处于激活状态时，生命线是一个双道线。

图 8.20　顺序图的基本符号

1. 顺序图的组成

（1）对象。生命线是一条垂直的虚线，从顶部向下延伸，表示顺序图中的对象在一段时间内的存在。对象与生命线结合在一起称为对象的生命线。

（2）消息。消息（Message）定义的是对象之间某种形式的通信，它可以激发某个操作、唤起信号或导致目标对象的创建或撤销，从发送方到接收方。消息既可以是有明确命名的信号或数据，也可以是调用的操作。

在 UML 中，消息使用箭头来表示，箭头的类型表示了消息类型，表 8.8 列出了 UML 顺序图中常用的消息符号。

表 8.8　UML 顺序图常用符号

符　　号	含　　义	符　　号	含　　义
⟶	绘制两个对象之间的异步消息	------>	显示过程调用返回的消息
→→	在两个对象之间绘制消息	⟹	绘制两个对象之间的过程调用
↰	绘制反身消息		

消息箭头所指的一方是接收方。

（3）激活。激活表示该对象处于参与某一任务的执行中，一旦对象完成自己的工作后，即进入正常等待状态，这通常发生在一个消息箭头离开对象生命线的时候。

图 8.21 显示的是汽车租赁系统中客户取车的顺序图。顺序图涉及 5 个对象：客户、工作人员、预订请求、工作记录和汽车。取车的动作从客户向工作人员提出取车要求并向工作人员出示清单开始，工作人员检查客户的预订申请，确认后客户可以付款。工作人员填写工作记录，同时登记汽车的状态，最后客户取车。

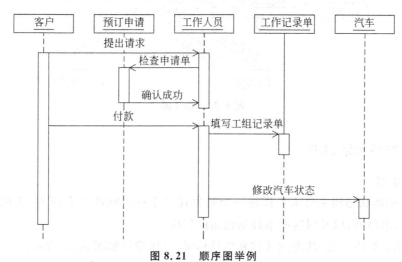

图 8.21 顺序图举例

2. 顺序图的建模策略

（1）设置交互的语境，这些语境可以是系统、子系统、操作、类、用例或协作的脚本。

（2）通过识别对象在交互中扮演的角色，设置交互的场景，以从左到右的顺序将对象放到顺序图的上方，其中较重要的放在左边，与它们相邻的对象放在右边。

（3）为每个对象设置生命线。

（4）从引发某个消息的类对象开始，在生命线之间画出从顶到底依次展开的消息，显示每个消息的特性（如参数）。

对一个系统而言，每个用例都可以建立一个顺序图，将用例执行中各个参与的对象之间发送的消息和消息传递过程表现出来。一般一个单独的顺序图只能显示一个控制流，但如果控制流过于复杂，则可以分为几个部分放在不同的顺序图中。

8.4.2 协作图

协作图也称为通信图，它描述了系统中对象间通过消息进行的交互，强调对象在交互行为中承担的角色，以及实现特定用例或用例中特定部分的行为。协作图和顺序图之间的语义是等价的，但关注点有所不同。在很多 UML 建模工具中，顺序图和协作图可以进行转换。如果需要强调时间和序列，可以选择顺序图建模；如果需要强调上下文的相关性，显示对象之间如何进行交互，则最好选择协作图建模。

协作图的组成元素包括对象、消息、链（连接器），如图 8.22 所示。其中，消息的描述要明确体现发生的先后顺序，通过在消息前面加一个整数表示。每个消息都必须有唯一的顺序号。图 8.22 中提出请求、付款、检查申请单等就是对象间交互的消息。

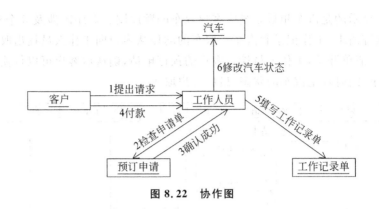

图 8.22 协作图

8.4.3 状态图和活动图

1. 状态图

UML 中的状态图主要用于描述一个对象在其生存期间的动态行为，表现一个对象所经历的状态序列，以及对这些事件所做出的反应。

状态图主要由状态、状态间转移和事件构成，具体符号如图 8.23 所示。

（1）状态。状态是指在对象的生命期中的某个条件或状况，当某个事件发生后，对象的状态将发生变化，所以状态细分为初态、终态、中间状态等。一个状态图只能有一个初态，但终态可以有一个或多个，也可以没有终态。例如，订单在等待用户确认时处于"等待用户确认"状态，如图 8.24 所示。

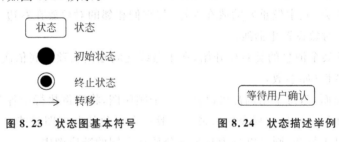

图 8.23 状态图基本符号   图 8.24 状态描述举例

（2）转移。一个对象从一个状态改变到另一个状态称为状态转移，在状态图中用连接这两个状态的箭头来表示。

引起状态转移的原因通常有两种，第一是当出现某一事件时会引起状态的转移，在状态图中把这种引起状态转移的事件标在转移的箭头上。第二种情况是在状态图中相应的转移上未指明事件，这表示前一个状态中的内部动作全部执行完后，状态转移被自动触发，进入下一个状态。

（3）事件。事件是对一个在时间和空间上占有一定位置的有意义的事情的简要说明。事件产生的原因有调用、满足条件的状态的出现、到达时间点或经历某一时间段、发送信号等。事件的形式化语法如下：

事件名[(参数表)][[条件] [/动作表达式]

其中：条件是一个布尔表达式。如果状态转移符上既有事件名称又有条件,则表示仅当这个事件发生并且条件为真时,状态转移才被触发,即发生状态变化。如果状态转移符上只有条件时,表示在该条件为真时,即会发生状态转移。

状态图就是由对象的各个状态和连接这些状态的转换组成的,在检查、调试和描述类的动态行为时非常有用。

图 8.25 是购物车里订单对象的状态图。其中,订单的状态有订单提交、订单取消(缴款期限已过期)、备货中(已付款、库存量足够)、出货中、出货确认、出货完毕(实际配达日不为空)、出货失败、订单成立(出货完毕,已付)等几种取值。

总结起来,画状态图的步骤如下:

(1) 列出对象具有的所有状态。

(2) 找出并分析确定导致状态转换的事件。

(3) 分析确定对象处于某个状态时所要执行的动作。

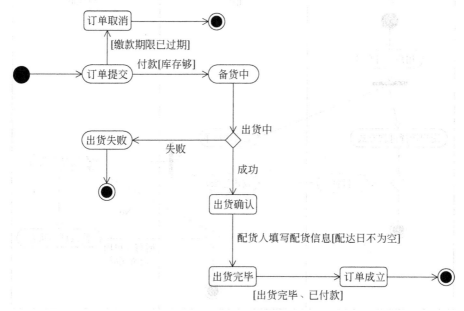

图 8.25　订单状态转换图

上述动作的执行保证了一个系统功能的实现。

2. 活动图

活动图提供了业务工作流建模的方法,强调从活动到活动的控制过程。

活动图延续了状态图的基本符号,同时增加了判定符号(菱形符号)和泳道符,是状态图的变形。它根据对象状态的变化捕获动作(所完成的工作和活动)和动作结果,体现了各个动作及其间的关系。与状态图不同的是,活动图中动作状态之间的迁移不是靠事件触发的,而是随着动作状态中的活动完成自动被触发。在活动图中,事件只能附加到开始点到第一个动作之间的迁移,迁移过程中,可以使用判定符号对两个或两个以上携带条件的输出迁移进行选择,当其中的某个条件为真时,该迁移被触发。

（1）动作迁移的分解和合并。一个动作迁移可以分解成两个或多个并行动作的迁移,若干个来自并行活动的迁移也可以合并成一个迁移,需要注意的是,在合并之前并行迁移上的活动必须全部完成。在活动图中用一条黑粗线来表示迁移的分解与合并。

（2）泳道的确定。一张活动图可划分成若干个矩形区,每个矩形区为一个泳道,泳道名放在矩形区的顶端。通常根据责任把活动组织到不同的泳道中,它能清楚地表明动作在哪里执行(在哪个对象中),或者表明一个组织的哪部分工作(一个动作)被执行。泳道可以反映活动的归属,使诸多活动元素与对象或组织关联起来。

活动图因注重业务流程的描述,即使具备较少的面向对象概念,也很容易学习和使用。图8.26为用户订购商品业务过程的活动图。

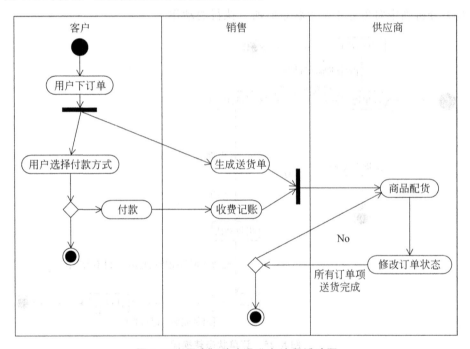

图 8.26　用户订购商品业务流程活动图

活动图除了可以描述系统的动态行为外,还可以用来描述用例。例如,"借书"用例的正文描述如下:图书管理员登录,图书管理系统验证登录信息。若登录信息不对,则取消本次登录并返回重新登录;若登录成功,则图书管理员扫描图书和读者的借书证,图书管理系统读取读者信息和读者借书信息,如果读取信息出错则用例结束,否则显示读者信息和图书信息。判断读者能否借书,如果读者借书已达最大数或该图书已被预订,则借书用例结束;否则,图书管理员提交借阅,图书管理系统登记读者借阅信息,借书用例结束。描述该用例的活动图如图8.27所示。

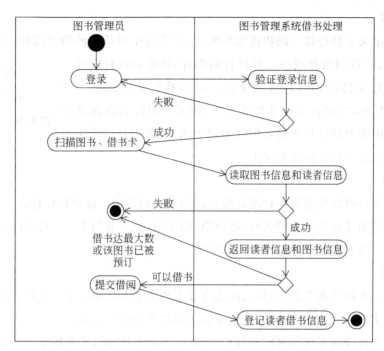

图 8.27 图书管理系统借书用例活动图

8.5 物理体系结构的构建

系统的体系结构用来描述系统各部分的结构、接口以及它们之间通信的机制。

物理体系结构涉及到系统的详细描述(根据系统所包含的硬件和软件),它显示了硬件的结构,包括不同的结点和这些结点之间如何连接,它还体现了代码模块的物理结构和依赖关系,并展示了对进程、程序、构件等软件在运行时的物理分配。物理体系结构应回答以下问题:

- 类和对象物理上位于哪个程序或进程?
- 程序和进程在哪台计算机上执行?
- 系统中有哪些计算机和其他硬件设备?它们如何相互连接?
- 不同的代码文件之间有什么依赖关系?如果一个指定的文件被改变,那么哪些其他文件要重新编译?

UML 中物理体系结构用组件图和部署图来描述。

8.5.1 组件图

组件是系统设计的模块化部分,给出一组外部接口,而隐藏了内部实现。在系统中,满足相同接口的组件可以自由地替换。组件图即显示组件类型的定义、内部结构和依赖关系,主要由以下元素组成。

1. 组件

组件是定义了良好接口的物理实现单元,是系统中可替换的物理部件。组件可以是源代码组件、二进制组件或一个可执行的组件,通常可以对应到一个特定的程序文件,如 dll 动态库文件、exe 可执行文件、asp 文件等。在 UML 中,组件表示符号如图 8.28 所示。组件名称通常是从现实的词汇表中抽取出来的名词或名词短语,并依据目标系统添加相应的扩展名,例如.java 和.dll。

图 8.28　组件的符号

2. 接口

组件的接口可以理解为一种组件服务调用形式的约定。接口往往包含一系列的函数描述。接口只描述这些函数的名称、返回值、调用约定、参数列表以及这些函数的顺序,其他组件可以通过调用接口使用组件中的服务。

3. 关系

与类间存在的关系类似,组件之间也存在实现关系和依赖关系。在组件图中,接口和组件之间的实现关系用实线表示,依赖关系用带箭头的虚线表示。

用组件图可以对系统物理结构建模。图 8.29 就是图书管理系统业务对象组件图,其中组件以 Java 源代码的形式提供。

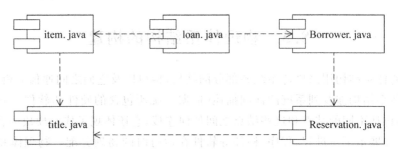

图 8.29　图书管理系统组件图

8.5.2 部署图

部署图描述了处理器、设备和软件组件运行时的体系结构。在这个体系结构上可以看到某个结点上在执行哪个组件,在组件中实现了哪些逻辑元素(类、对象、协作等),最终可以从这些元素追踪到系统的需求分析(用例图)。结点、连接、组件、对象、依赖等是部署图的基本组成元素。

1. 结点

结点是运行时的计算资源,通常计算资源至少有一个存储器和良好的处理能力,如计算机、设备(如打印机,读卡机,通信设备)等。结点用三维立方体表示,中间写上结点名,当结点表示实例时,名字应加下划线。结点通过板型来区分不同种类的资源,如

<<computer>>。

结点之间的关联表示通信路径,可用约束型来区分不同种类的通信路径,如<<TCP/IP>>。

2. 制品

在结点中可以包含制品,制品是一个物理实现单元,如组件、文件等。例如,Web 服务器结点上部署着报销登记、领导审核和财务转账,数据库服务器上部署着数据库文件。

图 8.30 给出了员工报销管理系统的一个部署图。

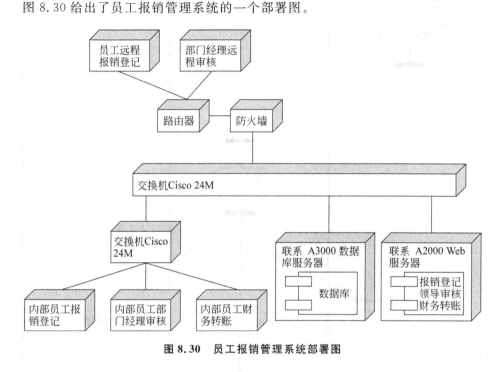

图 8.30　员工报销管理系统部署图

8.6　综　合　实　例

本节以第 4 章需求分析实例中叙述的体能测试信息管理与分析系统需求为例,采用向对象技术进行系统分析与设计,并基于 UML 构建系统主要模型。

8.6.1　系统分析

1. 用例分析

在进行用例分析之前,首先要了解体能测试信息管理与分析的业务流程。采用 UML 中带有泳道的活动图来描述业务流程,有助于帮助系统开发人员理解业务流程,为下一步进行用例分析打下基础。

根据前面章节中的需求分析材料,可以用如下的活动图(如图 8.31 所示)描述体能测试信息管理与分析的业务流程。

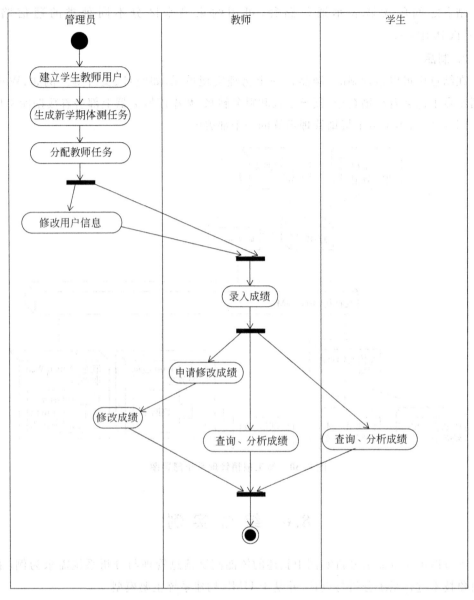

图 8.31 业务流程图

在图 8.31 的业务流程图中，可以确定系统的参与者有系统管理员、教师和学生。

另外，在业务流程图中，还可以确定每个参与者的主要工作任务，由此可以初步分析出系统的用例图，如图 8.32 所示。

在完成了对系统的初步用例分析后，需要对用例图进行细化，以完善系统的用例分析。经过对图 8.32 的用例图进行细化，得到细化后的用例图，如图 8.33 所示。

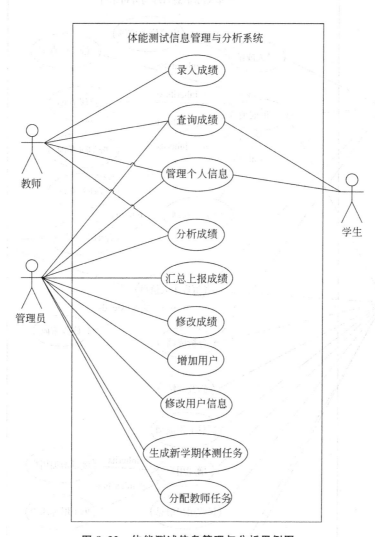

图 8.32　体能测试信息管理与分析用例图

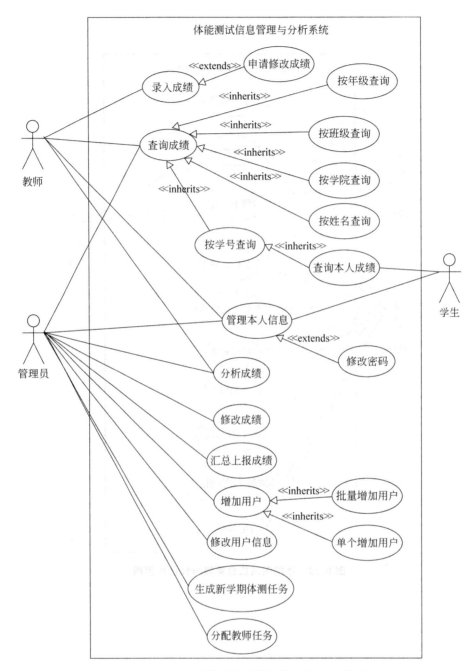

图 8.33　细化后的体能测试信息管理与分析用例图

2. 用例描述

用例的描述通常采用用例表进行，因此基于上述用例图中的每个用例，均需要用一张用例表描述。由于用例数量较多，本案例仅对用例图中重要用例或者复杂用例进行描述，如表 8.9～表 8.15 所示。

表 8.9　录入成绩用例表

用例编号	001
用例名称	录入成绩
用例描述	教师录入学生体测成绩
图示	图 8.34
参与者	教师
前置条件	教师登录系统
主流程	（1）进入录入成绩界面 （2）选择学期（自动显示当前学期） （3）显示本人本学期的成绩录入任务列表 （4）选择其中一个任务 （5）显示该任务的成绩录入列表 （6）如果该成绩录入工作已经提交完成，直接转至（9）；如果录入的成绩已经保存过但未提交，则进入下一步 （7）教师在成绩录入列表中录入成绩 （8）手工保存或自动保存成绩，进入分支流程 1 （9）提交成绩，进入分支流程 2 （10）显示已提交成绩列表，提示成绩录入工作完成 （11）退出录入成绩界面
分支流程 1	（1）显示保存成功提示信息 （2）确认后返回主流程（7）
分支流程 2	（1）提示是否确认最后提交？ （2）确认后返回主流程（10） （3）取消确认返回主流程（7）
后置条件	无

表 8.10　修改成绩申请用例表

用例编号	002
用例名称	申请修改成绩
用例描述	教师修改成绩需要提交申请，由管理员修改
图示	图 8.35
参与者	教师
前置条件	教师登录系统，已提交成绩
主流程	（1）进入录入成绩界面 （2）选择学期（自动显示当前学期） （3）显示本人本学期的成绩录入任务列表 （4）选择其中一个成绩录入任务 （5）显示成绩列表 （6）在成绩列表中选择需要修改的学生成绩 （7）单击"修改成绩申请" （8）填入修改后成绩 （9）显示"成功申请"
分支流程	无
后置条件	无

表 8.11 成绩分析用例表

用例编号	003
用例名称	分析成绩
用例描述	教师进行学生体测成绩的分析
图示	（略）
参与者	教师
前置条件	教师登录系统,已提交成绩
主流程	(1) 进入分析成绩界面 (2) 选择分析范围(多选,包括学期、学生、班级、年级、学院) (3) 选择分析项目(可多选) (4) 选择分析形式(单选,包括报表、图示) (5) 执行分析 (6) 显示分析结果 (7) 保存分析结果 (8) 退出
分支流程	无
后置条件	无

表 8.12 管理个人信息用例表

用例编号	004
用例名称	管理个人信息
用例描述	对个人信息进行管理
图示	（略）
参与者	管理员、教师、学生
前置条件	成功登录系统
主流程	(1) 进入个人信息界面 (2) 修改个人信息 (3) 保存修改
分支流程	无
后置条件	无

表 8.13 修改密码用例表

用例编号	005
用例名称	修改密码
用例描述	修改个人登录密码
图示	（略）
参与者	管理员、教师、学生
前置条件	成功登录系统,并进入个人信息界面

主流程	(1) 进入个人信息界面 (2) 选择"修改密码" (3) 输入新密码 (4) 再次输入新密码 (5) 选择"保存新密码"操作 (6) 如果步骤(3)和步骤(4)中输入的密码不同,进入分支流程 1
分支流程 1	(1) 显示"新密码输入错误,重新输入"信息 (2) 确认该信息后返回主流程 3
后置条件	无

表 8.14　分配教师任务用例表

用例编号	006
用例名称	分配教师任务
用例描述	管理员为教师分配录入体测成绩任务,按班级和项目划分任务
图示	图 8.36
参与者	管理员
前置条件	管理员成功登录系统
主流程	(1) 进入分配教师任务界面 (2) 选择学期 (3) 在教师名单中选择教师(单选) (4) 选择需要录入的体测项目(可多选) (5) 选择学生班级(可多选) (6) 确定任务分配 (7) 刷新待分配的体测项目列表 (8) 再次进行任务分配或退出
分支流程	无
后置条件	无

表 8.15　修改成绩用例表

用例编号	007
用例名称	修改成绩
用例描述	管理员根据教师的修改成绩申请,修改学生成绩
图示	图 8.37
参与者	管理员
前置条件	教师发出成绩修改申请,管理员成功登录系统
主流程	(1) 进入成绩修改界面 (2) 选择学期(缺省为当前学期) (3) 显示本学期全部成绩修改申请 (4) 确认每个修改成绩申请 (5) 退出
分支流程	无
后置条件	无

3. 任务活动分析

通过用例表中的用例描述，可以用活动图来描述用例的完成过程。由于用例的数量较多，本案例只给出若干关键用例的活动图。

（1）录入成绩用例的活动图，如图 8.34 所示。

（2）申请修改成绩用例的活动图，如图 8.35 所示。

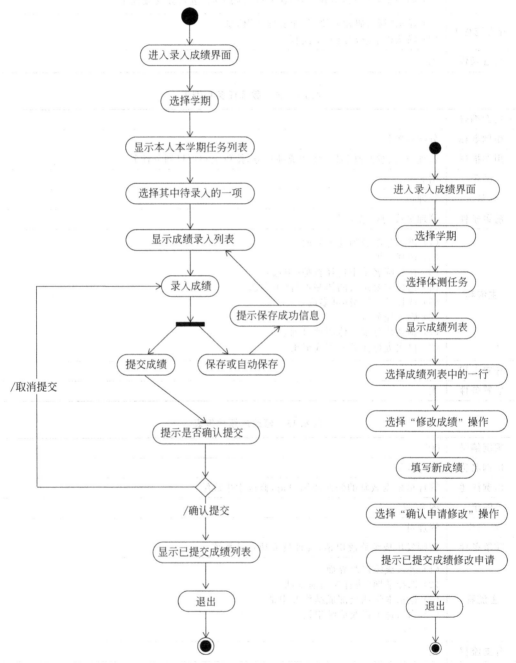

图 8.34　录入成绩用例的活动图　　　　　图 8.35　修改成绩申请用例

（3）分配教师任务用例的活动图，如图 8.36 所示。

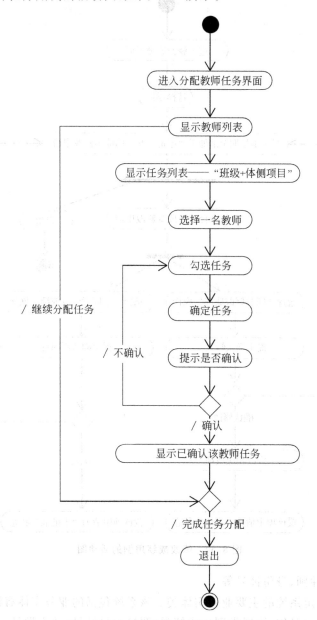

图 8.36　分配教师任务用例的活动图

（4）修改成绩用例的活动图，如图 8.37 所示。

4. 业务对象分析

在获得系统的用例模型后，通过分析构成系统的各个对象的各种属性，创建系统的静态模型。

首先，确定系统参与者的属性。本案例中的全部参与者都需登录系统，需要用户的编号、用户名和密码及用户类型；需要不同类型用户的基本信息，包括：用户号（工号或者学

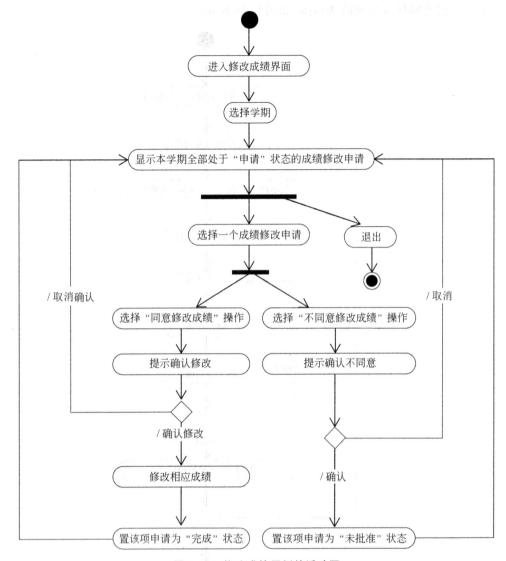

图 8.37   修改成绩用例的活动图

号）、姓名、年龄、性别、身份证号等。

其次，应该确定系统的主要业务实体类。该系统包括的业务实体有测试项目类（测试项目编号、测试项目名称、所属类别）；成绩类（测试项目编号、学生学号、学年、成绩）；班级类（班级编号、班级名称、所属专业、所在学院）。

首先分析出系统中存在的实体类及其关系，用如下类图（如图 8.38）来表示。

8.6.2 系统设计

1. 系统架构设计

该系统基于客户端/服务器（Client/Server）模式构建，即采用 C/S 结构。

系统的架构设计用如下的包图（图 3.39）表示。

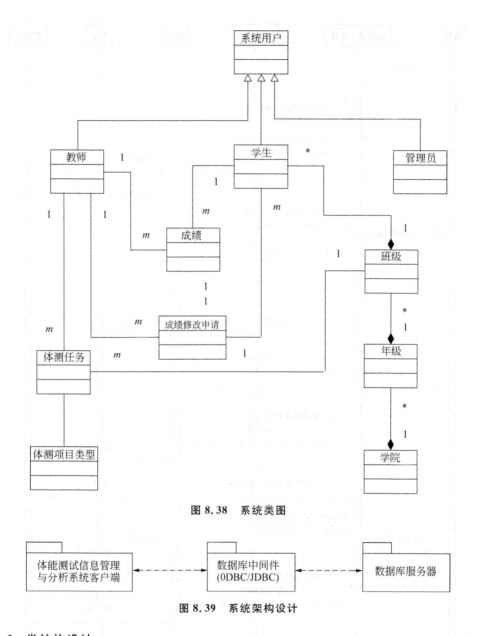

图 8.38 系统类图

图 8.39 系统架构设计

2. 类结构设计

该系统每个用例均采用三层类结构设计实现：界面类、控制类、实体类。对象的交互设计采用顺序图。顺序图以用例为单位进行设计，即对每个用例实现过程都采用顺序图进行描述，也就是说，用顺序图描述每个用例的实现过程，并体现出对象以及对象间的交互。

3. 对象交互设计

（1）录入成绩用例顺序图。录入成绩用例中有主流程，还有两个分支流程，需要三个顺序图来表达。图 8.40 是录入成绩用例主流程的顺序图，图 8.41 和图 8.42 分别是两个分支流程的顺序图。

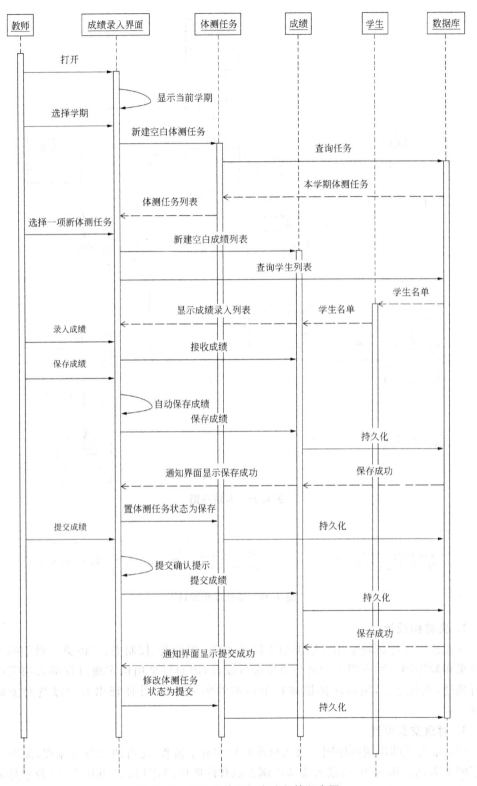

图 8.40 录入成绩用例主流程的顺序图

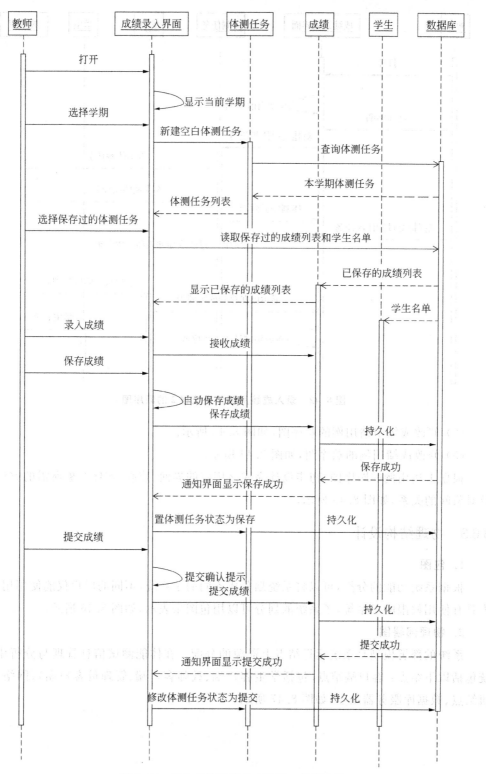

图 8.41　录入成绩用例分支流程 1 的顺序图

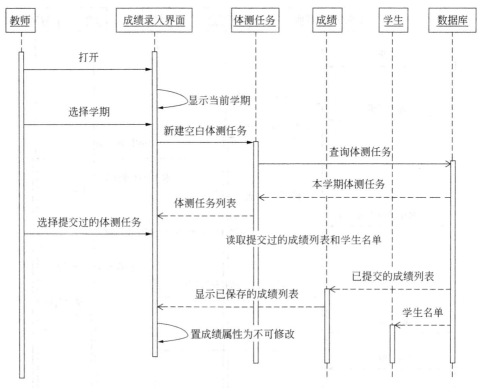

图 8.42　录入成绩用例分支流程 2 的顺序图

（2）修改成绩申请用例的顺序图，如图 8.43 所示。

（3）修改成绩用例的顺序图，如图 8.44 所示。

根据上述用例的顺序图，初步设计完成该用例的界面、控制、实体对象所需的方法，以及对象间的关系，如图 8.45 所示。

8.6.3　物理结构设计

1. 包图

根据系统功能的分类，可以将系统划分成不同的子系统，不同的用户仅能使用用户本人具有使用权限的子系统，子系统的划分可以用包图来表示，如图 8.46 所示。

2. 物理部署图

系统的部署模型是系统运行结点上资源的分配。在体能测试信息管理与分析中，系统包括以下结点：客户端结点（包括学生客户端、教师客户端、管理员客户端）、网络交换机结点、数据库服务器结点，如图 8.47 所示。

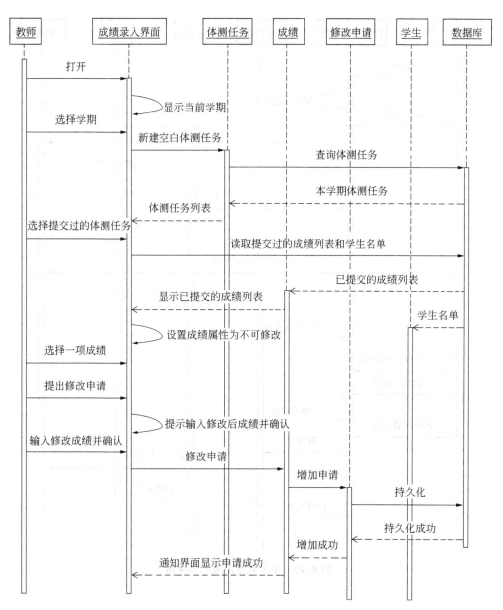

图 8.43　修改成绩申请用例的顺序图

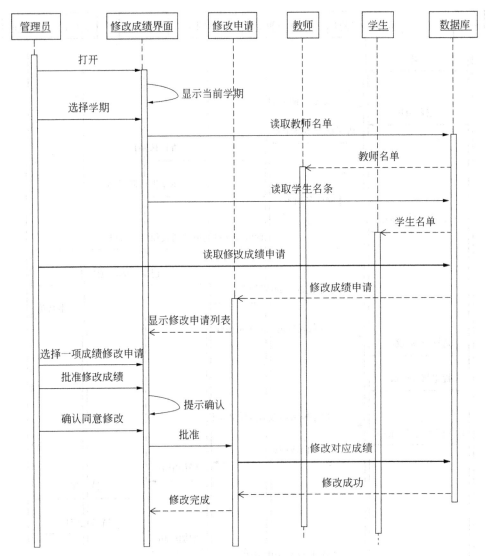

图 8.44 修改成绩用例的顺序图

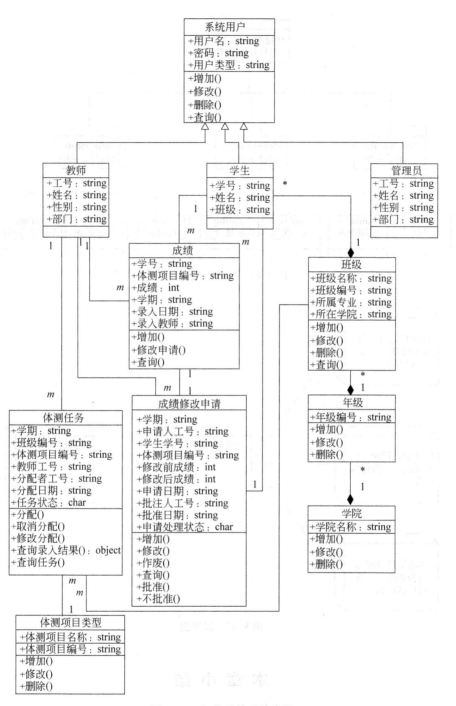

图 8.45 细化后的系统类图

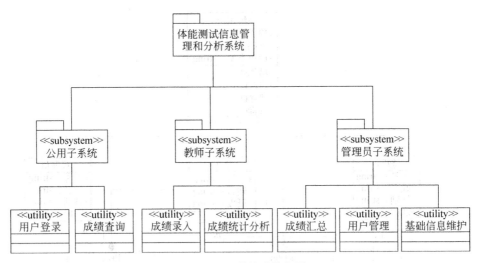

图 8.46　系统构成的包图

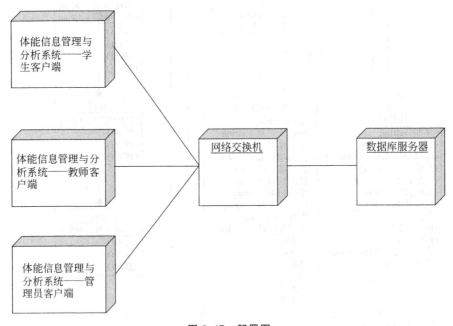

图 8.47　部署图

本 章 小 结

本章主要介绍 UML 的起源、UML 的主要模型以及它们的构建技术。

基于 UML 的面向对象分析是根据用户需求建立系统的用例模型，然后分析系统的需求，建立初步的对象模型，并根据用例的场景和对象模型建立系统的动态模型。

在 UML 中，使用类图和对象图来表示系统的静态模型。类—责任—协作者（CRC）

是一种标识类的技术。标识系统中的对象可以从问题陈述或用例描述着手,首先确定业务对象类以及它们之间的联系,然后确定对象类的属性和操作;接下来利用适当的泛化关系进一步组织类,最后确定类所具有的服务。

使用 UML 建立动态模型的基本步骤是:首先分析系统用例的场景,从场景脚本中提取出事件,确定触发每个事件的动作对象以及接受事件的目标对象,建立顺序图;然后确定每个对象可能有的状态及状态间的转换关系,并建立状态图。最后比较各个对象的状态图,检查它们之间的一致性,确保事件之间的匹配。

在动态模型建立之后,需要重新分析对象类的操作,因为这两个子模型更准确地描述了对象类所提供的服务。

在 UML 中,系统的物理体系结构可以用组件图和部署图来表示。

习　　题

1. 一台自动售货机能提供 6 种不同的饮料,售货机上有 6 个不同的按钮,分别对应这 6 种不同的饮料,顾客通过这些按钮选择不同的饮料。售货机有一个硬币槽和找零槽,分别用来收钱和找钱。为这个系统设计一个用例图。

2. 现有一个产品销售系统,其总体需求如下:系统允许管理员生成存货清单报告。管理员可以更新存货清单。销售员记录正常的销售情况。交易可以使用信用卡或支票,系统需要对其进行验证。每次交易后都需要更新存货清单。分析其总体需求,绘制出用例图,并描述每个用例的流程。

3. 创建一个类图来描述下面的类以及类之间的关系。
- 学生(student)可以是在校生(undergraduate)或者毕业生(graduate)。
- 在校生可以是助教(tutor)。
- 一名助教指导一名学生。
- 教师和教授属于不同级别的教员。
- 一名教师助理可以协助一名教师和一名教授,一名教师只能有一名教师助理,一名教授可以有 5 名教师助理。
- 教师助理是毕业生。

4. 运用本章介绍的有关活动图的相关知识,建立图书馆管理系统还书用例的活动图。

5. 下面列出了打印文件时的工作流:
- 用户通过计算机指定要打印的文件。
- 打印服务器根据打印机是否空闲,操作打印机打印文件。
- 如果打印机空闲,则打印机打印文件;如果打印机忙,则将打印消息存放在队列中等待。

经分析人员分析确认,该系统共有 4 个类对象:Computer、PrintServer、Printer 和 Queue。请给出对应用于该工作流的顺序图。

6. 下面是一个客户在 ATM 机上取款工作流。

- 客户选择取款功能选项。
- 系统提示插入 IC 卡。
- 客户插入 IC 卡后，系统提示用户输入密码。
- 客户输入自己的密码。系统检查用户密码是否正确。
- 如果密码正确；则系统显示用户账户上的剩余金额，并提示用户输入想要提取的金额。
- 用户输入提取金额后，系统检查输入数据的合法性。在获取用户输入的正确金额后，系统开始一个事条处理，减少账户上的余额，并输出相应的现金。

从该工作流中分析出所涉及到的对象，并用顺序图描述该工作过程。

7. 针对第 4 章习题 8，构建出系统用例图，并选择其中的教师录入成绩用例，画出该用例的活动图。

8. 针对第 4 章习题 8、10 和 11，构建出系统用例图和类图，并选择其中的教师录入成绩用例，画出该用例的顺序图。

9. 针对第 7 章习题 12，构建出系统用例图和类图，并选择其中的 2～3 个用例画出该用例的顺序图和活动图。

第9章

测试与维护

软件编码完成后，并不能马上在用户的计算机上安装并投入实际运行，特别是具有一定规模、参与人员多、开发过程复杂的系统，虽然之前各环节经过了阶段成果的审核，但对问题的认识、理解以及各环节的接口都会存在一些问题或错误，编码的错误和漏洞更是不可避免。由于软件错误导致系统失效，造成重大损失的事例并不罕见。因此，在软件正式交付用户使用之前，必须要进行严格的检测。软件测试则是保证软件产品质量、提高产品可靠性的重要手段之一，而且目前已经在很多国家成为了独立的行业，许多人以此作为职业，其角色被称为软件测试工程师。软件经过测试后方能够交付用户使用，但在此过程中依然会出现各种问题，此时，为保证软件能够继续使用，为用户服务，就需要进行相应的修改和调整，即进行软件维护。随着软件规模和复杂度的提高，软件维护愈加重要，必须增强对维护的认识以及维护方法的选择与使用。

本章将介绍软件测试的相关概念、目前常用的测试方法、如何进行错误调试以及软件维护的意义和一般方法。

本章要点：

- 软件测试的基本概念、目的和原则；
- 软件测试的过程及软件测试方法；
- 软件调试基本概念、步骤和方法；
- 软件维护基本概念、软件维护成本；
- 软件维护的过程，提高可维护性方法。

9.1 软件测试简介

9.1.1 测试定义

软件测试是为了发现程序的错误而执行程序的过程，是使用人工或自动手段来运行或测定某个系统以发现程序错误的过程，用于验证软件是否正确地实现了用户的需求，是保证软件产品的高质量和可用性的重要手段。

通过测试，主要达到以下目的：

（1）测试是为了确认软件的质量，质量代表着符合客户的需要。

软件测试最重要的一件事就是从客户的需求出发，从客户的角度去看产品，客户会怎么使用这个产品，在使用过程中会遇到什么样的问题。只有这些问题都解决了，软件产品的质量才能得到保证。

（2）软件测试是为了证明软件有错误，而不是证明软件是正确的。

测试是为了发现程序中的错误，因此应力求设计出最能暴露错误的测试方案。成功的测试是发现了至今未发现的错误的测试。完整的测试是评定软件质量的一种方法，能够证明软件完成的功能与需求规格说明相符合的程度。

（3）测试不仅是在测试软件产品的本身，而且还包括软件开发的过程。

通过分析错误产生的原因和错误的发生趋势，可以帮助项目管理者发现当前软件开发过程中的缺陷，以便及时改进软件开发过程，保证整个软件开发过程是高质量的，同时也能帮助测试人员设计出有针对性的测试用例，改善测试的效率和有效性。

9.1.2 软件测试的原则

为了实现软件测试目的，在测试过程中必须坚持如下的测试原则。

（1）测试应该尽早地和不断地进行。

测试最好在需求分析阶段开始，因为最严重的错误是软件与用户最初提出的需求相背离。同时需要把软件测试贯穿于软件的需求分析、系统设计和实现各个阶段，对各阶段成果实施技术评审，尽早发现错误，确保软件的质量。

（2）测试用例设计应包括测试输入数据和预期输出结果。

所谓测试用例是指精心设计的一批测试时使用的输入数据及其预期输出结果。测试用例主要用来检验程序员编制的程序，在执行测试运行程序的过程中，不但要测试输入的数据，而且需要验证输出结果与预期输出结果是否一致。

（3）设计测试用例时应考虑到合理的输入和不合理的输入以及特殊情况。

在设计测试用例时，不仅要考虑合理的输入条件，更要注意不合理的情况。因为一些意外输入更容易导致程序不能做出适当的反应而产生一系列的问题，严重的会导致系统瘫痪。因此常用一些不合理的输入数据来发现更多的不易察觉的软件缺陷，包括要制造极端状态和意外状态，比如网络异常中断、电源断电等情况。

（4）应该避免程序员测试自己编写的程序，程序设计组织也不应测试自己的程序软件，而应该由第三方来负责。

程序设计者或开发者希望测试能表明软件产品不存在错误，正确地实现了用户的需求，通常会选择那些导致程序失效概率小的测试用例，回避那些易于暴露程序错误的测试用例，这样的测试对提高软件质量毫无价值。选择第三方进行测试会更客观、更有效，并更容易测试成功。

（5）应该充分注意测试中的群集现象。

群集现象也称为是"80-20原则"，是指在测试中发现缺陷越多的地方，隐藏的问题或缺陷也就越多。不要以为发现了错误并且修改了，就不需要测试了。反而这里是错误群集的地方，应当对它们进行多次重点测试。

（6）对测试错误结果一定要有一个确认的过程。

一般由A测试出来的错误，一定要由B来确认，严重的错误可以召开评审会进行讨论和分析，对测试结果要进行严格的确认。

（7）制定严格的测试计划。

对于测试是一个复杂过程，影响极其深远。所以必须制定测试计划，明确人员和规则，不能随意解释，且测试计划要有指导性。测试时间安排尽量宽松，不要希望在极短的时间内完成一个高水平的测试。

（8）妥善保存测试计划、测试用例、出错统计和最终分析报告，为维护奠定基础。

9.1.3 软件测试的对象

软件不仅是程序源代码，还包括相关文档和数据。软件开发的各阶段相互衔接，前一阶段工作中发生的问题没有及时得到解决，必然会影响到下一阶段，在源程序测试中发现的错误，也并非一定都是程序员编码过程中造成的。所以软件测试应贯穿于整个软件生存周期中，需求分析、概要设计、详细设计和编码等各个阶段所得到的文档，包括需求规格说明、概要设计说明书、详细设计说明书以及源程序等，都应该成为软件测试的对象。

9.2 软件测试模型

软件测试是与软件开发紧密相关的一系列有计划、系统性的活动，软件测试也需要测试模型去指导实践。常见的软件测试模型包括 V 模型和 W 模型等。

9.2.1 V 模型

V 模型是软件开发瀑布模型的变种，它反映了测试活动与分析、设计和编码等的关系，并标明了测试过程中存在的不同级别，从左到右描述了基本的开发过程和测试行为。软件测试 V 模型如图 9.1 所示。

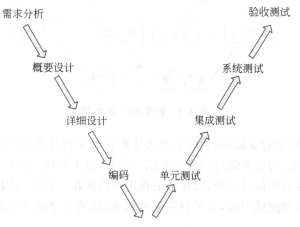

图 9.1 软件测试 V 模型

（1）在 V 模型中，单元测试是基于代码的测试，是最微小规模的测试，主要是针对每一个程序单元进行测试，检查各个程序模块是否正确地实现了规定的功能。单元测试由程序员而非测试员来做，因为它需要知道内部程序设计和编码的细节要求。

（2）集成测试是指一个应用系统的各个部件的联合测试，以决定他们能否在一起共同工作。部件可以是代码块、独立的应用、网络上的客户端或服务器端程序。集成测试是单元测试的逻辑扩展。实践表明，一些部件虽然能够单独地工作，但并不能保证连接起来也能正常的工作。

（3）在所有单元测试和集成测试完成后，需要把已经经过确认的软件纳入实际运行环境中，与其他系统成分组合在一起进行测试，此过程称为系统测试。系统测试主要针对概要设计中所定义的功能和性能，确保系统作为一个整体能够有效地运行。

（4）当技术部门完成了所有测试工作后，由业务专家或用户进行验收测试，以确保产品能真正符合用户业务上的需要。

V 模型存在一定的局限性，它仅仅把测试过程作为在需求分析、概要设计、详细设计及编码之后的一个阶段。这意味着必须在代码完成后有足够的时间预留给测试活动，否则将导致测试不充分，开发前期未发现的错误会传递并扩散到后面的阶段，而在后面发现这些错误时，可能已经很难回头再修正，从而导致项目开发的失败。

9.2.2　W 模型

W 模型由 Evolutif 公司提出，相对于 V 模型，W 模型增加了软件各开发阶段中应同步进行的验证和确认活动。W 模型由两个 V 字形模型组成，分别代表测试与开发过程，软件测试 W 模型如图 9.2 所示，图中明确表示出了测试与开发的并行关系。

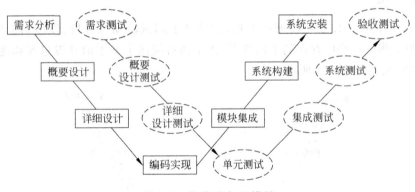

图 9.2　软件测试 W 模型

W 模型是 V 模型的发展，强调的是测试伴随着整个软件开发周期，而且测试的对象不仅仅是程序，需求、功能和设计同样要测试。例如，需求分析完成后，测试人员就应该参与到对需求的验证和确认活动中，以尽早地找出缺陷所在。同时，对需求的测试也有利于及时了解项目难度和测试风险，及早制定应对措施，这将显著减少总体测试时间，加快项目进度。

W 模型也是有局限性的。W 模型和 V 模型都把软件的开发视为需求、设计、编码等一系列串行的活动，软件开发和测试保持一种线性的前后关系，这样就无法支持迭代、自发性以及变更调整，对于当前软件开发复杂多变的情况，W 模型并不能解除测试管理面临着的困惑。

9.3　软件测试的一般过程

一般而言,软件测试在项目确立时就开始了,依据生存周期模型,实际软件测试过程需要完成测试需求分析、测试计划、测试方案设计、测试用例实现、测试执行、测试评价等几个阶段。

9.3.1　测试需求分析阶段

测试需求是制订测试计划的基本依据,确定了测试需求能够为测试计划提供客观依据;详细的测试需求还是衡量测试覆盖率的重要指标,没有详细的测试需求,就无法有效地进行测试覆盖率计算。测试需求分析阶段的主要任务是获得要测试项目的测试需求,它是整个测试过程的基础,包括确定测试对象、测试工作的范围和作用、测试时间安排、测试设计等。被确定的测试需求项必须是可核实的,必须有一个可观察、可评测的结果。

进行测试需求分析的依据主要包括各种开发文档、软件测试方法与规范,测试成果是编写出《软件测试需求说明书》,主要内容包括:

(1) 目的:编写测试需求说明书目的。

(2) 项目简介:项目的简要介绍,如项目背景、项目目标、系统架构、测试环境等。

(3) 功能测试需求:通过表格分模块描述:测试模块、测试点、预置条件、预期结果等。

(4) 性能测试需求:以表格的形式描述测试内容、场景描述、预期结果。

(5) 总结。

9.3.2　测试计划阶段

以测试需求为基础,分析产品的总体测试策略是测试计划阶段主要工作。制定测试计划时要充分考虑实用性,即测试计划与实际之间的接近程度和可操作性。

软件测试计划应包括以下内容:

(1) 测试内容:明确本次软件测试要完成哪些测试。

(2) 测试目的:主要是确保软件产品质量,通过测试确认是否达到预期目标。

(3) 测试标准:确定本次测试需要输入的文档以及测试项目结束标准,如 Bug 级别的定义、优先级别的定义、Bug 管理流程定义等。

(4) 资源分配:资源包括人力资源和软硬件资源。人力资源分配主要完成测试人员责任分配表,软硬件资源分配主要是列出完成测试需要的软硬件环境清单。

(5) 测试风险:主要涉及项目开发延期、测试人员不足、用例无法全面覆盖测试点、时间不足、Bug 无法及时修改导致无法验证等风险。

(6) 软件测试策略:产品总体测试方案的制定。

测试计划阶段的成果为《软件测试计划书》。

9.3.3　测试方案设计阶段

测试方案设计阶段主要是以测试需求为基础形成测试方案,对于有自动化测试的项目,进行自动化测试分析,生成测试策略。

该阶段的成果是《软件总体测试方案》,包括以下内容:

(1) 引言:目的、相关术语描述。

(2) 测试背景:测试范围、风险及约束、测试相关文档。

(3) 软件测试模型。

(4) 软件测试类型。

(5) 测试质量目标及要求。

(6) 缺陷管理:软件错误、错误跟踪、Bug 管理流程及软件错误管理流程。

(7) 测试环境:开发环境、测试环境和发布环境。

(8) 测试计划:测试人员分工和测试进度计划。

9.3.4　测试用例实现阶段

本阶段主要是完成测试用例的编写和自动化脚本的编写。

软件质量的好坏很大程度上取决于测试用例的数量和质量。测试用例是测试人员执行测试的重要参考依据,良好的测试用例应该具有复用的功能,以提高测试效率,而且测试用例的通过率是检验程序代码质量的例证,同时测试用例的完成情况也可以作为检验测试人员进度、工作量以及跟踪/管理测试人员工作效率的因素。

测试用例的编写需要对用户场景、功能规格说明、产品的设计以及程序/模块结构都有比较清楚的理解。通常,软件的测试用例数和难度与软件规模成正比,如航天软件测试用例数与程序源代码行数的比例就高于普通民用软件。对于单元测试来说,软件的规模与测试用例数基本成比例,对于集成测试和系统测试,测试用例数与软件规模不是简单的正比关系。

测试用例实现阶段成果包括《产品自动化测试用例》和《手工执行测试用例》。测试用例表中应描述的内容包括:

功能编号、功能名称、用例编号、用例描述、测试目的、前置(提)条件、用户类型、测试人员、测试日期、测试项、输入信息、预期处理结果、测试结果、缺陷编号、描述。

9.3.5　测试执行阶段

测试小组根据开发组提供的软件版本搭建测试环境进行预测试,预测试目的是判断这个版本是否可测试。

预测试通过后,开始进行系统测试。首先执行设计的所有测试用例,做好测试结果记录,发现缺陷提交缺陷报告。当第一轮测试结束后,需要把所有的 Bug 单提交给开发人员进行修改,同时对该轮测试进行评估,整理出测试报告。还要根据实际情况,对测试用例进行修改和增加。

开发人员对 Bug 修复结束后,提交新版本,测试小组开始新二轮系统测试,也称为回归测试。此次测试将挑选一些优先级别比较高的用例按照上述过程重新进行测试,……,直至所有发现的问题全部修复为止。

在回归测试结束后,为更进一步提高软件质量,通常还需要依据经验针对之前测试过程中出错率比较高的模块进行深入测试,以便确保更深层的错误被发掘出来并进行修改。

测试执行阶段成果为《软件测试报告》,主要内容包括:

(1)简介:编写目的、项目背景、系统简介、基本术语等内容。

(2)测试概要:测试用例、测试环境与配置、测试方法、测试工具。

(3)测试结果:测试执行情况(测试组织、测试时间、测试版本)、覆盖分析(需求覆盖、测试覆盖)。

(4)缺陷分析:缺陷汇总、缺陷分析、残留缺陷和未解决问题等。

(5)测试结论及建议。

9.3.6 评价与关闭阶段

此阶段需要对前面各个阶段的执行情况提供完整的数据报告和项目总结报告,完成测试项目的关闭。测试评价依据包括软件开发文档、软件测试文档、软件测试配置、软件测试记录。

测试报告包括对软件功能的结论,说明为满足此项功能而设计的软件能力以及经过一项或多项测试已证实的能力;说明该项目软件的开发是否达到预定目标,是否可以交付使用;总结测试工作的资源消耗数据,如工作人员的水平、级别、数量、机时消耗等。

评价与关闭阶段的成果包括《遗留问题风险分析报告》等。

上述各阶段结束后,测试实施基本完成,之后即是对用例库、测试脚本和 Bug 库等进行维护,保证延续性等,从此进入测试维护期。

9.4 软件测试常用方法

9.4.1 黑盒测试与白盒测试

软件测试方法主要分为两种:黑盒测试与白盒测试。

黑盒测试又称为功能测试、数据驱动测试或基于规格说明的测试,它实际上是站在最终用户的立场,检验输入输出信息及系统性能指标是否符合规格说明书中有关功能需求及性能需求的规定。

白盒测试又称基于程序本身的测试,它着重于程序的内部结构及算法,通常不关心功能与性能指标。

9.4.2 黑盒测试法

黑盒测试指根据程序需求和产品规格说明测试软件的外部特性,而完全不关注程序内部结构,从程序输入和输出特性上检查程序是否满足设定的功能。

黑盒测试的主要思想是设计适量有效和无效的输入数据进行测试,以期用最小的代价发现最多的错误。采用黑盒测试方法是在软件的接口处进行测试。通过黑盒测试，能够发现以下几类错误：

（1）是否有不正确或遗漏的功能？

（2）在接口上，输入能否正确地接受？能否输出正确的结果？

（3）是否有数据结构错误或外部信息（例如数据文件）访问错误？

（4）性能上是否能够满足要求？

（5）是否有初始化或终止性错误？

一些外购软件、参数化软件包以及某些生成的软件，由于无法得到源程序，只能采用黑盒测试方法进行检测。

黑盒测试常用方法有等价类划分法、边界值分析法、判定表法、因果图法、规范导出法、内部边界值法、错误推测法、接口测试法等。

1. 等价类划分法

根据程序的输入域（所有可能的输入数据）划分成具有不同特点、满足不同要求的若干部分，每个部分即为一个等价类。等价类分为有效等价类和无效等价类，设计测试用例时，要针对每个等价类选择一个或最少的数据作为代表。其中有效等价类的测试数据是符合要求的、正确且有意义的一组数据的代表。无效等价类则正相反，且具有破坏作用。划分等价类的目的就是为了在测试资源有限的情况下，通过少量数据的测试结果代表和达到广泛的甚至是无穷测试的效果。

设计等价类时可以遵循或参考如下原则：

（1）如果规定了输入条件的取值范围或者个数，则可以确定一个有效等价类和两个无效等价类。例如，教务管理系统中课程成绩管理模块，学生成绩输入值范围0～100。

一个有效等价类：0≤成绩≤100；两个无效等价类：成绩<0 和成绩>100

（2）如果规定了输入值的集合，则可以确定一个有效等价类和一个无效等价类。

例如，程序要进行平方根运算，则"大于等于0的数"为有效等价类，"小于0的整数"为无效等价类。

（3）如果规定了输入数据的一组值，并且程序对每一个输入值分别进行处理，则可以为每一个允许输入的值确定一个有效等价类，此外根据这组值确定一个无效等价类，即所有不允许的输入值的集合。

例如，在高校学生管理系统中，学生信息管理模块规定年级（nj）的取值只能为集合{1,2,3,4}中的某一个，则有效等价类为 nj＝1,nj＝2,nj＝3,nj＝4，程序对这4个数值分别进行处理；无效等价类为 nj 不等于1,2,3,4的值的集合。

又如，教务管理系统中教职工管理模块，最后学历可为：本科、硕士、博士、博士后四种之一。分别取这4个值作为4个有效等价类，4种学历之外的任何学历作为无效等价类。

（4）如果规定了输入数据必须遵守的规则，则可以确定一个有效等价类和若干个无效等价类。

例如，银行卡密码设置规定必须6位数字，则可以划分一个有效等价类为输入数据为6位数字，多个无效等价类分别为输入数据中含有非数字字符、输入数据少于6位数字、输入数据多于 6 位数字等。

又如,手机电话号为"1"+数字系列,则可以划分一个有效等价类为以"1"开头的数字串,多个无效等价类,非"1"开头的数字串或"1"开头非数字串等。

(5) 如果输入数据是一个布尔量,则可以划分一个有效等价类和一个无效等价类。

例如,系统登录模块中的验证码,其实就是一个布尔量,可设一个有效等价类(正确)和一个无效等价类(不正确)。

(6) 在确知已划分的等价类中各元素在程序处理中的方式不同时,则应再将该等价类进一步地划分为更小的等价类。

范例 1:如前所述的体能测试与分析系统中成绩统计模块运行时要求用户输入查询统计的日期,假设日期限制在系统 2010 年 1 月至 2015 年 12 月,如日期不在此范围内,提示输入错误,系统日期规定由年、月 6 位数字字符组成,前四位代表年,后两位代表月。为完成此日期检查功能的测试,采用等价类划分法设计测试用例的内容如下:

(1) 等价类的划分结果,如表 9.1 所示。

表 9.1 等价类划分结果

输入条件	编号	有效等价类	编号	无效等价类
输入日期的类型及长度	1	6 位数字字符	4	有非数字字符
			5	少于 6 个数字字符
			6	多于 6 个数字字符
年份范围	2	在 2010~2015 之间	7	小于 2010
			8	大于 2015
月份范围	3	在 01~12 之间	9	小于 1
			10	大于 12

(2) 测试用例如表 9.2 所示。

表 9.2 测试用例

测试数据	覆盖范围	期望值
201005	等价类 1,2,3	有效
08June	无效等价类 4	无效
…	…	…

2. 边界值分析法

边界值分析法是对等价类划分法的有效补充,测试用例来自于等价类边界,针对发生错误的各种边界情况设计测试用例。使用边界值分析方法设计测试用例,通常针对输入等价类的边界,选取正好等于、刚刚大于或刚刚小于边界的值作为测试数据。

边界值分析法设计测试用例应遵循以下原则:

(1) 如果输入条件规定了值的范围,则应取刚达到这个范围的边界的值,以及刚刚超越这个范围边界的值作为测试输入数据。

（2）如果输入条件规定了值的个数，则用最大个数、最小个数、比最小个数少1、比最大个数多一个作为测试数据。

（3）根据规格说明的每个输入条件，使用前面的原则1。

（4）根据规格说明的每个输入条件，使用前面的原则2。

（5）如果程序的规格说明给出的输入域或输出域是有序集合，则应选取集合的第一个元素和最后一个元素作为测试用例。

（6）如果程序中使用了一个内部数据结构，则应当选择这个内部数据结构边界上的值作为测试用例。

（7）分析规格说明，找出其他可能的边界条件。

范例2：下面是边界值分析法测试举例。

（1）软件系统中有一输入框，要求输入数值在－1000到＋1000间整数，要测试的程序有两个边界值，－1000和＋1000，同时，按照经验，对于0和位数升级的数值（例如，从99到100，从999到1000等）也要做一个边界值来进行测试。

测试用例输入值包括：－1000、－1001、－999、1000、1001、999、0、1、－1、－9999、9999、99、100、101等

（2）某网站新闻发布模块，有一图片上传功能，要求图片大小不能超过5M，要测试图片大小的边界值为5M，采用边界值分析法，可选取5M（正好等于）、5.1M（刚刚大于）、0.1M（略高于最小值）、4.9M（略小于最大值）边界值来测试。

（3）测试计算正数平方根的函数。其输入、输出均为一个实数，当输入一个0或比0大的数的时候，应返回其正平方根；当输入一个小于0的数时，显示错误信息"数据输入错误，无法计算"。

按照等价类划分的原则，设计出2个等价类：一个有效等价类，即输入实数 $x>=0$，应返回一个大于等于零的正平方根；一个无效等价类，输入实数 $x<0$，返回错误信息。

利用边界值分析法设计测试数据，可选取输入最小负实数、绝对值很小的负数、0、绝对值很小的正数、最大正实数作为测试用例。

通常情况下，软件测试采用边界检验方法适用于以下几种类型：数字、字符、位置、重量、大小、速度、方位、尺寸、空间等。相应地，以上类型的边界值应该在最大/最小、首位/末位、上/下、最快/最慢、最高/最低、最短/最长、空/满等情况下，利用边界值作为测试数据。

3. 因果图法

等价类划分法和边界值分析法都是着重考虑输入条件，没有考虑输入条件的各种组合、输入条件之间的相互制约关系。因果图是适合于检查程序输入条件的各种组合并相应产生多个动作结果的情况进行测试用例设计。

利用因果图法设计测试用例的基本步骤是：

（1）从软件规格说明书的描述中，找出因（输入条件）和果（输出结果），给每个原因和结果赋予一个标示符。

（2）分析软件规格说明描述中的语义，找出原因和结果之间、原因和原因之间对应关

系,根据这些关系,画出因果图。

（3）由于语法或环境限制,有些原因与原因之间、原因与结果之间的组合情况不可能出现,为表明这些特殊情况,在因果图上用一些记号表明约束或限制条件。

（4）设计测试用例。

4. 正交实验设计

正交试验设计法是研究多因素（欲考察的变量）、多水平（变量的取值）的一种设计方法,它是根据正交性从全面试验中挑选部分有代表性的点进行试验,这些有代表性的点具备了"均匀分散、齐整可比"的特点。

正交实验设计是一种基于正交表的、高效率、快速、经济的试验设计方法,提出的主要原因是在用因果图法设计测试用例时,有时很难从软件规格说明的描述中找出因果关系,或根据因果图导出的测试用例非常庞大,给软件测试带来沉重负担。此时如果采用正交试验设计方法进行测试用例设计,能够有效、合理地减少测试工时,降低侧俄式的费用。

范例 3：某医院客服管理中心,查询客户信息有 3 个查询条件,可根据"姓名""医保卡号""手机号码"。考虑到这几个查询条件并非每一次每一个都必须填写的情况,可用正交表完成测试用例的设计。

三个因素：姓名、医保卡号、手机号。

每个因素分别有两个水平：

- 姓名：填、不填。
- 医保卡号：填、不填。
- 手机号码：填、不填。

选择正交表,把变量的值映射到表中,具体如表 9.3 所示。

表 9.3 正交表

列号 / 行号	1	2	3	列号 / 行号	姓名	医保卡号	手机号码
1	0	0	0	1	填	填	填
2	0	1	1	2	填	不填	不填
3	1	0	1	3	不填	填	不填
4	1	1	0	4	不填	不填	填

设计测试用例：

（1）填写姓名、填写医保卡号、填写手机号。

（2）填写姓名、不填医保卡号、不填手机号。

（3）不填姓名、填写医保卡号、不填手机号。

（4）不填姓名、不填医保卡号、填写手机号。

（5）不填姓名、不填医保卡号、不填手机号。

增补测试用例,可疑其没在表中出现的组合。

5. 错误猜测法

该方法基于经验和其他一些测试技术，测试人员凭经验猜测错误的类型及软件中潜在的错误位置，并设计测试用例去发现这些错误。其基本思想是列举出程序中所有可能有的错误和容易发生错误的特殊情况清单，然后依据清单来编写测试用例，并且在阅读软件规格说明书时尽可能地分析程序员可能做的假设来确定测试用例，也就是说软件规格说明书中的一些内容会被忽略，一方面可能是偶然因素造成，另一方面是程序员主观认为其显而易见。

下面是运用错误猜测法对体能测试分析与管理系统中测试成绩统计条件进行测试用例设计的举例：

统计条件"日期"输入"0"，"日期"的年月顺序颠倒，如"201507"换成"072015"。

综上所述，在任何情况下都必须使用边界值分析法，用这种方法设计测试用例，发现程序错误的能力最强。必要时用等价类划分法补充一些测试用例，特殊情况下再用错误猜测法追加一些测试用例。对照程序逻辑，检查已有测试用例的逻辑覆盖程度。如果程序的功能说明含有输入条件组合情况，可选用因果图法。

9.4.3 白盒测试法

白盒测试法是把测试对象看成一个透明的白盒子，按照程序的内部结构和处理逻辑来选定测试用例，对程序所有逻辑路径进行测试。通过在不同点检查程序的状态，确定实际状态与预期状态是否一致。因此白盒测试又称为结构测试或逻辑驱动测试。

软件测试人员使用白盒测试，主要对程序模块进行如下检测：

（1）路径覆盖检测。对程序模块的所有独立的执行路径至少测试一次。

（2）逻辑覆盖检测。对所有的逻辑判定，取"真"和"假"的情况都至少测试一次。

（3）控制流检测。在循环的边界和运行界限内执行循环体。

（4）数据流检测、领域检测。测试内部数据结构的有效性。

根据覆盖目标的不同，逻辑覆盖又可分为语句覆盖、判定覆盖、条件覆盖、判定-条件覆盖、条件组合覆盖、路径覆盖等。

范例4：下面是对两个程序进行白盒测试的举例。

（1）用 ASP. NET 编写的网站登录窗口代码如下：

```
protected void btnLogin_Click(object sender,EventArgs e)
{
    if(txtUsername.Text.Trim()==""||txtPwd.Text.Trim()=="")
    {
        Response.Write("<script>alert('请输入用户名或密码！');</script>");
    }
    else if(txtUsername.Text.Trim()=="admin" && txtPwd.Text.Trim()=="123")
    {
        Response.Write("<script>alert('登录成功！');</script>");
    }
    else
```

```
    {
        Response.Write("<script>alert('用户名或密码不正确！');</script>");
    }
}
```

（2）用 C 语言编写的一个函数如下：

```
void TestSample(int x,int y,int z)
{
    if((x>3)&&(z<10))
    {
        printf("语句 1");
    }
    if((x==4)||(y>5))
    {
        printf("语句 2");
    }
    printf(("语句 3");
}
```

TestSample 函数执行流程如图 9.3 所示。

1. 语句覆盖

设计若干个测试用例并运行被测试程序，使每一条语句至少执行一次。

要实现上述用 ASP.NET 编写的网站登录窗口程序的语句覆盖测试，需设计 3 个测试用例来实现覆盖程序中的所有可执行语句，具体如下：

（1）用户名为" "，密码为" "。

（2）用户名为"admin"，密码为"123"。

（3）用户名为"123"，密码为"admin"。

下面是对上述用 C 语言编写的函数进行语句覆盖测试所设计的测试用例：

x=4、y=5、z=8，执行路径为 A→B→D。

2. 判定覆盖

判定覆盖又称为分支覆盖，指设计若干测试用例并运行被测试程序，使得程序中每个判断的真、假分支至少执行一次。

下面是对 ASP.NET 编写的登录程序实现判定覆盖所设计的测试用例：

（1）用户名为" "，密码为" "。

（2）用户名为"admin"，密码为"123"。

（3）用户名为"123"，密码为"admin"。

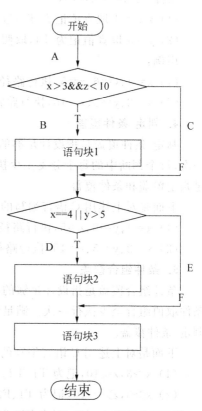

图 9.3 TestSample 函数执行流程

下面是对上述用 C 语言编写的函数实现判定覆盖所设计的测试用例:

(1) x＝4、y＝5、z＝8,执行路径为 A→B→D。

(2) x＝2、y＝5、z＝8,执行路径为 A→C→E。

3. 条件覆盖

条件覆盖是设计若干测试用例,运行被测试程序,使得程序中每个判断的每个条件的可能取值至少取得一次。

下面是对 ASP.NET 编写的登录程序实现条件覆盖所设计的测试用例:

(1) 用户名为"",密码为""。

(2) 用户名为"",密码为"123"。

(3) 用户名为"admin",密码为""。

(4) 用户名为"admin",密码为"123"。

(5) 用户名为"123",密码为"admin"。

下面是对上述用 C 语言编写的函数实现判定覆盖所设计的测试用例:

条件 1：x＞3＆＆z＜10

(1) x＞3 取真值记为 T1,取假值记为 F1。

(2) z＜10 取真值记为 T2,取假值记为 F2。

条件 2：x＝＝4＆＆y＞5

(1) x＝＝4 取真值记为 T3,取假值记为 F3。

(2) y＞5 取真值记为 T4,取假值记为 F4。

用例:

(1) x＝4、y＝6、z＝5,执行路径 A→B→D,覆盖条件 T1、T2、T3、T4,覆盖分支 BD。

(2) x＝2、y＝5、z＝15,执行路径 A→C→E,覆盖条件 F1、F2、F3、F4,覆盖分支 CE。

4. 判定-条件覆盖

判定-条件覆盖是指设计足够的测试用例,使得判断中每个条件的可能取值至少执行一次,每个判断中的每个分支至少执行一次。满足判定-条件覆盖的测试用例一定同时满足判定覆盖和条件覆盖。

下面是对上述用 C 语言编写的函数实现判定条件覆盖所设计的测试用例:

(1) x＝4、y＝6、z＝5,执行路径 A→B→D,覆盖条件 T1、T2、T3、T4,覆盖分支 BD。

(2) x＝2、y＝5、z＝15,执行路径 A→C→E,覆盖条件 F1、F2、F3、F4,覆盖分支 CE。

5. 条件组合覆盖

条件组合覆盖是指设计足够的测试用例,运行被测程序,使得每个判断的所有可能的条件取值组合至少执行一次。满足组合覆盖的测试用例一定满足判定覆盖、条件覆盖和判定-条件覆盖。

下面是对上述用 C 语言编写的函数实现判定条件覆盖进行条件组合情况的描述:

(1) x＞3,z＜10,记为 T1、T2。

(2) x＞3,z＞＝10,记为 T1、F2。

(3) x＜＝3,z＜10,记为 F1、T2。

(4) x＜＝3,z＞＝10,记为 F1、F2。

（5）x==4，y＞5，记为 T3、T4。

（6）x==4，y＜=5，记为 T3、F4。

（7）x!=4，y＞5，记为 F3、T4。

（8）x!=4，y＜=5，记为 F3、F4。

相应的测试用例及覆盖结果描述如下：

（1）x=4，y=6，z=5，执行路径 A→B→D，覆盖条件 T1、T2、T3、T4，覆盖组合（1）和（5）。

（2）x=4，y=5，z=15，执行路径 A→C→D，覆盖条件 T1、F2、T3、F4，覆盖组合（2）和（6）。

（3）x=2，y=6，z=5，执行路径 A→C→D，覆盖条件 F1、T2、F3、T4，覆盖组合（3）和（7）。

（4）x=2，y=5，z=15，执行路径 A→C→E，覆盖条件 F1、F2、F3、F4，覆盖组合（4）和（8）。

6. 路径覆盖

路径覆盖是指设计足够多的测试用例，覆盖程序中所有可能的路径。

下面是对 C 语言函数实现路径覆盖所设计的测试用例及覆盖结果：

（1）x=4，y=6，z=5，执行路径 A→B→D，覆盖条件 T1、T2、T3、T4。

（2）x=4，y=5，z=15，执行路径 A→C→D，覆盖条件 T1、F2、T3、F4。

（3）x=2，y=5，z=15，执行路径 A→C→E，覆盖条件 F1、F2、F3、F4。

（4）x=5，y=5，z=5，执行路径 A→B→E，覆盖条件 T1、T2、F3、F4，覆盖分支 CE。

通过上面的叙述得出如下结论：6 种逻辑覆盖从弱到强的排列关系是语句覆盖、判定覆盖、条件覆盖、判定-条件覆盖、条件组合覆盖、路径覆盖。如果条件覆盖标准不能100％达到判定覆盖的标准，也就不一定能够达到 100％的语句覆盖标准了。

9.5　面向对象测试

软件测试的策略是从"小型测试"开始，逐步过渡到"大型测试"，即从单元测试开始，逐步进入集成测试，最后进行系统测试和确认测试。当前，面向对象技术已成为一种主流的软件开发技术，该技术能产生更好的系统结构和更规范的编程风格，极大地提高了数据的安全性和程序代码的重用。但是，因为无论采用什么样的编程技术，编程人员的错误都是不可避免的，而且由于面向对象技术开发的软件代码重用率高，更需要严格测试，避免错误的繁衍。所以，软件测试并没有因面向对象编程的兴起而丧失其重要性。测试面向对象软件的策略采纳了传统软件测试策略，但根据面向对象程序结构的特点，也增加了许多新特点：

（1）测试对象从面向过程的软件转变为面向对象的软件，是基于面向对象的概念和原则，用面向对象的方法构建。

（2）测试的基本单位从模块转变为类和对象。

（3）测试的方法和策略不同：面向对象测试不仅吸纳了传统测试方法，如白盒测试、黑盒测试和路径覆盖等，而且更加侧重于采用各种类测试的方法，集成测试和系统测试的方法与策略也很不相同。

基于面向对象软件进行的测试也必须经历单元测试、集成测试和确认测试，但是测试的具体策略与传统的有较大区别。

1. 面向对象的单元测试

面向对象单元测试是对程序内部具体单一的功能模块的测试，主要是对类成员函数进行测试。面向对象的"封装性"导致"单元"的概念发生变化，最小的测试单元是封装起来的类。一个类可以包含一组不同的操作，而一个特定的操作也可能存在于一组不同的类中。

传统的单元测试是针对程序的函数、过程或完成某一定功能的程序块。沿用单元测试的概念，可以测试类成员方法。在测试过程中，传统的测试方法都可以使用，如等价类划分法、因果图法、边值分析法、逻辑覆盖法、路径分析法等。在进行单元测试设计测试用例时，可假设：

（1）如果方法对某一类输入中的一个数据正确执行，对同类中的其他输入也能正确执行。

（2）如果方法对某一复杂的输入正确执行，则对更高复杂度的输入也能正确执行。

在面向对象程序中，类成员方法通常都较小，功能单一，方法间的调用频繁，易出现一些不易发现的错误。因此，在设计测试用例时，应该仔细地进行测试需求分析和设计测试用例，尤其是针对以方法返回值作为条件判断选择、字符串操作等情况。

由于面向对象程序具有继承性和多态性，所以进行成员方法测试时还需要注意以下问题：

（1）继承父类的成员方法在子类中做了改动，成员方法调用了改动过的成员方法的部分，成员方法都需要重新测试。

（2）测试具有包含多态性的成员方法时，需要在原有测试的基础上扩大测试用例中输入数据的类型。

2. 面向对象的集成测试

面向对象集成测试主要对系统内部的相互服务进行测试，如成员方法间相互作用，类间进行消息传递等。因为在面向对象的软件中不存在层次的控制结构，相互调用的功能是分布在程序不同的类中，类通过消息相互作用申请和提供服务。类的行为与它的状态密切相关，类之间相互依赖，所以面向对象的集成测试通常需要在整个程序编译完成后进行，而且采取黑盒方法进行集成测试。

集成测试重点关注系统的结构和内部的相互作用，可以采取先进行静态测试，再进行动态测试。静态测试主要针对程序的结构进行测试，依据"可逆性工程"，从原程序导出类关系图和方法调用的关系图，并将此结果与面向对象设计的结果相比较，检测程序结构和实现是否有差异。进行动态测试时，需要参考上述的功能调用结构图、类关系图或实体关系图，确认不需要重复测试的部分，重新优化测试用例，再进行一定覆盖程度的测试。

3. 面向对象的确认测试

面向对象确认测试是基于面向对象集成测试的，是测试阶段的最后环节，主要以用户需求为测试目标，确认整个系统是否满足用户所有需求。在确认测试或系统测试层次，不用再考虑类之间相互连接的细节。面向对象软件的确认测试也集中检查用户可见的动作和用户可识别的输出，需要根据动态模型和描述系统行为的脚本来确定测试用例，同时在确认测试过程中,应搭建与用户实际使用环境相同的测试平台。对于所缺的系统设备部件,应有相应的模拟手段,保证被测试系统的完整性。确认测试过程中应参考面向对象分析成果,确认设计的测试用例是否能够满足应用需求。

9.6　软件测试自动化与测试工具

9.6.1　软件测试自动化

软件测试自动化包括软件测试流程的自动化以及动态测试的自动化(如单元测试、功能测试以及性能方面)。与手工测试相比,测试自动化的优势是很明显的。首先自动化测试可以提高测试效率,使测试人员更加专注于新的测试模块的建立和开发,从而提高测试覆盖率;其次,自动化测试更便于测试脚本的自动化管理,使得测试脚本在整个测试生命周期内可以得到复用,这个特点在功能测试和回归测试中尤其具有意义;此外,测试流程自动化管理可以使机构的测试活动开展更加过程化,符合 CMMI 过程改进的思想。

另外,有些测试不能采用人工方法,例如性能测试、压力测试、负载测试,只能采用自动化测试的方法和自动化软件测试工具。

实施软件自动化测试之前需要对软件开发过程进行分析,以观察其是否适合使用自动化测试。通常,实施软件测试自动化需要同时满足以下条件:

1. 需求变动不频繁

测试脚本的稳定性决定了自动化测试的维护成本。如果软件需求变动过于频繁,测试人员需要根据变动的需求来更新测试用例以及相关的测试脚本,而脚本的维护本身就是一个代码开发的过程,需要修改、调试,必要的时候还要修改自动化测试的框架。如果所花费的成本不低于利用其节省的测试成本,那么自动化测试便是失败的。当项目中的某些模块相对稳定,而某些模块需求变动性很大时,便可对相对稳定的模块进行自动化测试,而变动较大的仍采用手工测试。

2. 项目周期足够长

自动化测试需求的确定、自动化测试框架的设计、测试脚本的编写与调试均需要相当长的时间才能完成,这样的过程本身就是一个测试软件的开发过程,绝对不是瞬间或短期可推出的。如果项目的周期比较短,没有足够的时间去支持这样一个过程,那么自动化测试便成为笑谈。

3. 自动化测试脚本可重复使用

如果费尽心思开发了一套近乎完美的自动化测试脚本,但是脚本的重复使用率很低,致使其间所耗费的成本大于所创造的经济价值,自动化测试便成为了测试人员的练手之作,而并非是真正可产生效益的测试手段了。

另外,在手工测试无法完成,需要投入大量时间与人力时也需要考虑引入自动化测试。比如性能测试、配置测试、大数据量输入测试等。

综上所述,适合于软件测试自动化的场合总结为以下几种:

（1）回归测试要重复单一的数据录入或是击键等测试操作造成了不必要的时间浪费和人力浪费。

（2）测试人员对程序的理解和对设计文档的验证通常也要借助于测试自动化工具。

（3）采用自动化测试工具有利于测试报告文档的生成和版本的连贯性。

（4）自动化工具能够确定测试用例的覆盖路径，确定测试用例集对程序逻辑流程和控制流程的覆盖。

9.6.2　软件测试工具

软件测试工具分为自动化软件测试工具和测试管理工具。自动化软件测试工具是用软件来代替一些人工输入，能够提高测试效率。测试管理工具是为了复用测试用例，提高软件测试的价值和效果。一个好的软件测试工具与测试管理工具结合起来使用，将会使软件测试效率大大提高。

自动化测试工具分为两类：功能测试工具和性能测试工具。

功能测试工具常用是 WinRunner 和 QTP，性能测试工具比较著名的是 LoadRunner。

Mercury Interactive 公司推出的 WinRunner 是一种企业级的功能测试工具，用于检测应用程序是否能够达到预期的功能并能否正常运行。通过自动录制、检测和回放用户的应用操作，WinRunner 能够帮助测试人员对复杂的企业级应用的不同发布版进行测试，提高测试人员的工作效率和质量，确保跨平台的、复杂的企业级应用无故障发布，并能够长期、稳定地运行。

QTP 是 QuickTest Professional 的简称，是一种自动测试工具。使用 QTP 的目的是想用它来执行重复的手动测试，主要是用于回归测试和测试同一软件的新版本。因此在测试前要考虑好如何对应用程序进行测试，例如要测试哪些功能、操作步骤、输入数据和期望的输出数据等。

QTP 针对的是 GUI 应用程序，包括传统的 Windows 应用程序和越来越流行的 Web 应用，它可以覆盖绝大多数的软件开发技术，简单高效，并具备测试用例可重用的特点。其中包括：创建测试、插入检查点、检验数据、增强测试、运行测试、分析结果和维护测试等方面。

LoadRunner 是一种预测系统行为和性能的负载测试工具。通过以模拟上千万用户实施并发负载及实时性能监测的方式来确认和查找问题。另外 LoadRunner 能够对整个企业架构进行测试，通过使用 LoadRunner，企业能最大限度地缩短测试时间，优化性能和加速应用系统的发布周期。

除了上述软件测试工具外，还有很多开源的免费测试工具，为软件开发者提供了广泛的、低成本的选择。这些工具包括：

（1）开源测试管理工具：Bugfree、Bugzilla、TestLink、mantis。

（2）开源功能自动化测试工具：Watir、Selenium、MaxQ、WebInject。

（3）开源性能自动化测试工具：Jmeter、OpenSTA、DBMonster、TPTEST、Web Application Load。

9.7　软　件　调　试

9.7.1　软件调试基本概念

软件调试也称为纠错或排错,是纠正软件错误的过程,是程序员在编码过程中不断地对程序进行调整优化所做的工作。软件错误的外在表现形式与内在原因之间往往没有明显的联系,所出现的错误有时并非直接能够找出原因。因此软件调试既要对错误的性质及程序本身进行系统的研究,在某种程度上也依赖于直觉与经验。

软件调试是在进行了成功的测试之后才开始的工作,它与软件测试不同,软件测试的目的是尽可能多地发现软件中的错误,但进一步诊断和改正程序中潜在的错误,则是调试的任务。

调试活动由两部分组成:

(1) 确定程序中错误的确切性质和位置。

(2) 对程序进行修改,排除错误。

9.7.2　软件测试和软件调试的区别

软件测试和软件调试有以下的主要区别:

(1) 测试是为了发现软件中存在的错误;调试则是发现程序错误的位置、原因以及改正错误等。软件调试是发生在测试之后的步骤。

(2) 测试从已知条件开始,使用预先定义的程序,且有预知的结果;调试一般是从不可知的内部条件开始,除统计性调试外,结果一般不可预见。

(3) 测试是有计划的,需要进行测试设计;调试是不受时间约束的。

(4) 测试经历发现错误、改正错误、重新测试的过程;调试是一个推理的过程,并且在开发的整个过程中都必须进行调试。

(5) 测试的执行是有规程的;调试的执行往往要求开发人员进行必要推理、想象。

(6) 测试经常是由独立的测试小组在不了解软件设计的条件下完成的;调试必须由了解详细设计的开发人员特别是程序员完成。

(7) 大多数测试的执行和设计可以由工具支持;调试时开发人员通常只能够利用开发工具自带的调试器。

9.7.3　软件调试的步骤

软件调试作为软件测试的后继工作,具有很强的技巧性。为了更有效、规范和高效地完成软件调试,可以按照如下步骤执行:

(1) 诊断错误。系统报错、输出结果与预期结果不同、陷入死循环等,都是程序经常出现的错误。诊断错误的常用方法包括语法检查和跟踪程序流程等。

(2) 确定错误的源发点。寻找所有与错误有关地方,确定错误的源发地。

(3) 改正错误。确定错误及位置后,针对错误类型和具体的提示进行改正。

　　具体思路是从错误的外部表现形式入手,确定程序中出错的位置;研究有关部分的程序代码,找出错误的内在原因;修改设计方案和代码,排除该错误,同时还要确保没有引进其他新的错误。

　　调试是软件开发过程中最艰巨的脑力劳动。从技术的角度看,查找错误是有一定难度的,通常有以下原因所致:

　　(1) 现象与原因所处的位置可能相距甚远。

　　(2) 当其他错误得到纠正时,这一错误所表现出的现象可能暂时消失。

　　(3) 现象可能是由于一些不易跟踪的人为错误引起的。

　　(4) 现象实际上并不是由程序自身的错误引起的。

　　(5) 错误可能是由定时问题而不是处理过程引起的。

　　(6) 可能很难再现完全一样的输入条件,错误不能再现。

　　(7) 现象可能时有时无,这种情况在软硬结合的嵌入式系统中特别常见。

9.7.4　软件调试方法

　　经过大量实践经验总结,软件调试有以下 4 种常用方法。

1. 蛮干法

　　这是目前使用最多,但是寻找软件错误原因最低效的办法。如:

　　(1) 通过内存全部打印来排错。按照“让计算机自己寻找错误”的策略,将计算机存储器和寄存器的全部内容打印出来,然后在大量的数据中发现错误的位置和原因。这种方法有时能够调试成功,但是更多的情况下会耗费大量的时间和精力。

　　(2) 在程序的特定位置设置打印语句。在程序出错的各个关键变量位置、重要的分支位置、子程序调用位置设置打印语句,跟踪程序执行,监视重要变量的变化。这种方法能显示出程序的动态过程,允许程序员检查与源代码有关的信息。

　　(3) 自动调试工具。利用程序语言的调试功能或专门的交互式调试工具分析程序的动态执行过程。可用的功能有:打印出语句执行的追踪信息、追踪子程序的调用过程、追踪指定变量的变化等。

2. 回溯法

　　回溯法是指从发现错误的地方开始,沿程序的控制流往回追踪分析源程序代码,直到找出错误的位置和原因。回溯法对于小程序比较有效,往往能把错误范围缩小到程序中的一小段代码。但随着程序规模扩大,由于回溯的路径变得越来越多,程序的复杂度提高,回溯变得非常困难。

3. 归纳法

　　归纳法是从一种特殊推断一般的系统化思考方法。归纳法排错的基本思路是:从错误的症状入手,通过分析它们之间的关系找出错误。使用归纳法调试程序时,首先把和错误有关的数据组织起来进行分析,以便发现可能的错误原因,然后导出对错误原因的一个或多个假设,并利用已有的数据来证明或排除这种假设。

4. 演绎法

　　演绎法是从一般原理或前提出发,经过排除和细化的过程推导出结论的方法。演绎法调试是测试人员首先根据已有的测试用例,设想和列举出所有可能的出错原因作为假设,然后再用原始的测试数据或新的测试,从中逐个排除不可能正确的假设;最后再用测试数据验证余下的假设的确是出错的原因。

9.8　软　件　维　护

软件维护是软件生存周期的最后一个阶段,也是成本最高的阶段。在软件产品被开发出来并交付用户使用之后,就进入软件维护阶段。这个阶段的基本任务是保证软件在一个相当长的时间范围内能够正常运行。软件维护的工作量很难预先估计,目前国外许多软件研发机构把 60% 以上的人员用于维护已有的软件,而且随着软件数量的增多,这个百分比还会继续上升。

9.8.1　软件维护的定义

软件维护就是在软件已经交付使用之后,为了改正错误或满足新的需要而修改软件的过程。进行维护的主要原因通常是需求变化、硬件环境变化等,需要对应用程序进行部分或全部修改。软件维护主要有以下 4 种形式。

(1) 改正性维护:指改正在系统开发阶段已经发生而系统测试阶段尚未发现的错误。其工作量占整个维护工作量的 17%~21%。

(2) 适应性维护:指使用软件适应信息技术变化和管理需求变化而进行的修改,其工作量占整个维护工作量的 18%~25%。随着计算机硬件价格的不断下降和各类系统软件的不断推出,人们常常会产生进行系统更新换代的想法;企业受外部环境和内部管理机制变化的影响,也会不断提出新的需求。这些因素都将导致适应性维护工作的产生。

(3) 完善性维护:指为扩充功能和改善性能而进行的修改,主要是增加一些新的功能,还包括对处理效率和编写程序的改进,这方面的工作量占整体维护的 50%~60%,直接影响软件的使用寿命。例如,体能测试的项目可能会随着发展,国家体委和教委会提出新的要求,那么需要增加一个项目维护的功能模块,这样无论发生怎样的变化,录入测试成绩时将以自动列出项目名进行选择,然后录入测试结果。

(4) 预防性维护:指为了改进软件的可靠性和可维护性,适应未来的软硬件环境的变化而做的工作,例如将专用报表功能改成通用报表生成功能,以适应将来报表格式的变化。这方面的维护工作量约占整体的 4%。

9.8.2　影响维护工作量的因素

在软件维护中,影响维护工作量的因素主要有以下 6 种。

1. 系统大小

系统越大,理解掌握起来越困难,所执行功能越复杂,因而需要投入更多的维护工作量。

2. 程序设计语言

语言的功能越强,完成某个功能所需要书写的源程序语句数就越少;语言的功能越弱,实现同样功能所需语句就越多,程序就越大。有许多软件程序逻辑复杂而混乱,且没有做到模块化和结构化,直接影响到程序的可读性。

3. 系统年龄大小

老系统随着不断的修改和维护人员的不断更换,结构越来越乱,可读性降低,而且许多老系统在当初并未按照软件工程的要求进行开发,文档不健全,或在维护过程中原文档的许多地方与程序实现变得不一致,增加了维护的困难。

4. 数据库技术的应用

使用数据库可以简单而有效地管理和存储用户程序中的数据,还可以减少生成用户报表应用软件的维护工作量。如果使用的还是字符流式的文件,则管理和分析数据的难度会极大不同。

5. 先进的软件开发技术

在软件开发时若使用能使软件结构比较稳定的分析与设计技术及程序设计技术,如面向对象技术、复用技术等,可减少大量的工作量。

6. 其他因素

例如,应用的类型、数学模型、任务的难度、开关与标记、IF 嵌套深度、索引或下标数等,对维护工作量都有影响。

此外,许多软件在开发时并未考虑将来的修改,这也会为软件的维护带来许多的问题。

9.8.3　软件维护成本

在过去的几十年中,由于软件系统越来越复杂,软件维护的费用在总费用中的比重越来越大。有形的软件维护成本是花费了多少钱,无形的维护成本是指很难或不能被量化的成本,对软件的维护成本有更大的影响。无形的维护成本及影响通常有以下的形式:

（1）一些看起来是合理的修复或修改请求不能及时安排,使客户不满意;

（2）变更的结果把一些潜在的错误引入正在维护的软件中,使得软件整体质量下降;

（3）当必须把软件人员抽调到维护工作中去时,使软件开发工作受到干扰。

软件维护的代价是降低了生产率,特别是在做投入使用时间比较久的程序的维护时非常明显。维护工作量可以分成生产性活动（如分析和评价、设计修改和编写程序代码）和非生产性活动（如力图理解代码在做什么、试图判明数据结构、接口特性和性能界限等）。下面的公式给出了一个维护工作量的模型:

$$M = p + K \times \exp^{(c-d)}$$

其中,M 是维护中消耗的总工作量,p 是生产性工作量,K 是一个经验常数,c 是因缺乏好的设计和文档而导致复杂性的度量,d 是维护人员对软件熟悉程度的度量。

上述模型表明,如果使用了不好的软件开发方法（未按软件工程要求做）,原来参加开发的人员或小组不能参加维护,则工作量及成本将按指数级增长。

9.8.4　软件维护过程

维护过程本质上是修改和压缩了的软件定义和开发过程,而事实上在提出一项维护工作之前,与软件维护的有关工作已经开始了。所以为了有效地进行软件维护,应事先就开始做组织工作,具体内容包括:建立维护的组织,确定报告和评价的过程,为每个维护要求规定一个标准化的处理步骤,建立维护活动的登记制度以及规定评价和评审的标准。

1. 维护组织

通常,软件维护工作并不需要保持一个正式的组织机构,但是,委派一个非专门的维护管理员负责维护工作是绝对必要的。维护管理员、修改批准人员和系统管理员等分别代表了维护工作的某个职责范围,他们可以是指定的某个人,也可以是一个包括管理人员、高级技术人员等在内的小组。在维护活动开始之前就必要明确维护责任,这样可以大大减少维护过程中可能出现的混乱。

2. 维护申请

所有维护申请应按规定的方式提出。维护组织通常提供维护申请表(Maintenance Request Form,MRF),由申请维护的用户填写。如果是改正性的维护,用户必须完整地说明出错的情况,如输入数据、全部输出信息以及其他有关材料。如果申请的是适应性或完善性维护,则应提出一个简短的需求说明书。

维护申请表是由软件维护组织外部提交的文档,它是计划维护活动的基础。软件维护组织内部应相应地做出软件修改报告(Software Change Report,SCR),内容包括:为满足 MRF 要求所需工作量,维护要求的性质,维护申请的优先次序,预计修改后的状况。

在进一步安排维护工作之前,应将软件修改报告提交给修改批准人员批准。

3. 维护工作流程

(1)判明维护类型。当用户和维护管理人员存在不同意见时应协商解决。

(2)对改正性维护请求,从评价错误的严重性开始。如果存在严重错误,则应在系统管理员的指导下,指派某些经验丰富的人员立即进行维护工作,否则就同其他开发任务一起,统一安排工作时间。

(3)对适应性和完善性维护请求,应先确定请求的优先次序。如果某项请求的优先级非常高,就应立即开始维护工作;否则统一安排工作时间,顺序等待。

尽管维护请求的类型不同,但都需要完成同样的技术工作,包括修改软件需求说明、修改软件设计、设计评审、对代码作必要的修改、单元测试、集成测试(回归测试)、确认测试等。

为了正确、有效地修改源程序,通常需要经历以下 3 个步骤:

(1)分析和理解程序。

(2)修改程序。

(3)重新验证程序。

4. 维护评价

如果对维护不保存记录或保存不充分,那么就无法对软件使用的完好程度进行评价,也无法对维护技术的有效性进行评价。评价维护活动比较困难,因为缺乏可靠的数据。但如果维护记录做得比较好,就可以得出一些维护"性能"方面的度量值。可参考的度量值包括:

(1)程序运行失败的平均数。

（2）用于每类维护活动的总人时数。

（3）平均每个程序、每种语言、每种维护类型所做的程序变动数。

（4）维护过程中增加或删除一个源程序语句平均花费的人时数。

（5）维护每种语言所花费的工作量（平均人时数）。

（6）一张维护申请表的平均周转时间。

（7）不同维护类型所占百分比。

这 7 种度量值提供了定量的数据，据此可对开发技术、语言选择、维护工作计划、资源分配以及其他许多方面做出判定，这些数据也完全可以用来评价维护工作。

9.8.5 软件的可维护性与提高方法

许多软件的维护十分困难，原因在于这些软件的文档不全、质量差、开发过程不注意采用规范化的方法，忽视程序设计风格等。许多维护要求并不是因为程序中出错而提出的，而是因为适应环境变化或需求变化而提出的。为了使得软件能够易于维护，必须考虑使软件具有可维护性。

软件可维护性是指纠正软件系统出现的错误和缺陷，以及为满足新的要求进行修改、扩充或压缩的难易程度。目前用来衡量程序的可维护性的因素包括：可理解性、可测试性、可修改性、可靠性、可移植性、可使用性和效率。其中可理解性、可使用性、可修改性和可靠性属于改正性维护。可修改性、可移植性和可使用性属于适应性维护。可使用性和效率属于完善性维护。

1. 可理解性

软件的可理解性表现为外来读者理解软件的结构、功能、接口和内部处理过程的难易程度。一个可理解的程序具备以下特征：模块化（模块结构良好、功能完整、高内聚、松耦合）、风格一致性（代码风格和设计风格一致性）、详细的设计文档、结构化、使用有意义的变量名和函数名、良好的高级程序设计语言等。

2. 可测试性

可测试性表现为论证程序正确性的难易程度。良好的文档和软件结构、可用的测试工具和调试工具、合适的测试用例等，对于软件的诊断和测试非常重要。

对于程序模块来说，可以用程序复杂度来度量它的可测试性。程序的环路复杂度越大，可执行的路径就越多，全面测试它的难度就越高。

3. 可修改性

可修改性表现为程序容易修改的程度。一个可修改的程序应当是可理解的、通用的、灵活的、简单的。耦合、内聚、信息隐藏、局部化、控制域与作用域的关系等，都会影响软件的可修改性。

4. 可靠性

可靠性表现为一个程序按照用户的要求和设计目标，在给定的一段时间内能正确执行的概率。度量可靠性的方法有：根据程序错误统计数字，进行可靠性预测；根据程序复杂性，预测软件可靠性。

5. 可移植性

软件的可移植性表现为程序从一种计算环境(硬件配置和操作系统)转移到另一种计算环境的难易程度。一个可移植的程序应具有结构良好、灵活、不依赖于某一具体计算机或操作系统的性能。

6. 可使用性

一个可使用的程序应该是易于使用的,能允许用户出错和改变,并尽可能不使用户陷入混乱状态的程序。

7. 效率

效率表现为一个程序能执行预定功能而又不浪费机器资源的程度。这些机器资源包括内存容量、外存容量、通道容量和执行时间。

从以上叙述充分反映出,软件的可维护性对于延长软件的寿命具有决定性的意义。因此,不仅维护人员应重视软件的可维护性,软件开发人员也要为减少今后的维护工作量而努力。

为了提高软件的可维护性,降低维护成本,在软件开发开始时,应该加强以下几个方面的工作:

(1) 建立明确的软件质量目标和优先级。

(2) 使用提高软件质量的技术和工具。

(3) 进行明确的质量保证审查。

(4) 选择可维护的程序设计语言。

(5) 改进程序的文档。

本 章 小 结

软件测试是软件生存周期过程中一个必不可少的重要工作阶段。它的中心任务是发现和处理在此之前开发工作中发生的各种缺陷。软件维护在软件生存周期模型中处于末端,当软件产品开发出来并交付用户以后才进入维护期。软件维护主要解决产品交付之后运行过程发生的各种问题。

本章主要讨论了软件测试的基本概念、软件测试的相关模型、软件测试的一般过程及测试方法、面向对象测试的特点与测试策略,对目前流行的自动化测试工具做了简单的介绍,此外,对软件调试的概念、一般过程与软件调试方法以及软件维护的基本概念、软件维护的成本影响、软件维护过程及提高软件维护的方法等作了论述。

习 题

1. 软件测试的概念、目的和原则是什么?

2. 软件测试方法有哪些?

3. 什么是黑盒测试和白盒测试?

4. 软件调试和软件测试有什么区别?

　　5. 单元测试应该由谁负责执行？与调试有何相似性？

　　6. 软件维护概念是什么？如何做能够降低维护的成本？

　　7. 软件测试工具分为哪几种类型？列出目前每种类型中1～2个测试工具软件的名称。

　　8. 列举实例说明软件维护的难易对软件生命期的影响。

　　9. 某移动电子商务平台要求用户注册成为会员才能进行支付交易，用户密码要求为6～8位，且必须是字母和数字的组合。若正确，输出正确信息，否则，输出相应错误信息。结合黑盒测试的等价类划分法和边界值分析法，设计出1相应测试用例。

　　10. 有一三角形类型判断问题，要求输入三个边长：A、B、C。当三个边长不可能构成三角形时提示错误，若是等腰三角形输出"等腰三角形"，若是等边三角形输出"等边三角形"，若是直角三角形输出"直角三角形"，若是一般三角形输出"一般三角形"。画出相应的程序流程图，采用覆盖测试方法为该程序设计测试用例。

　　11. 针对第4章的体能测试分析与管理系统，运用等价类划分法和边值分析法设计测试用例，完成测试成绩录入模块、测试结果一览表打印模块的测试。

第 10 章

软件项目管理

软件项目管理的对象是软件工程项目,它所涉及的范围覆盖了整个软件工程的全部过程。软件项目管理是对软件项目开发过程中所涉及的过程、人员、产品、成本和进度等要素进行度量、分析、规划、组织和控制的过程,确保软件项目能够按照预定的范围、成本、进度和质量顺利完成。软件项目管理过程以一组项目计划活动作为出发点,制定计划的基础是软件规模的估算。由于任何的软件项目都具有一定的风险,因此做好风险管理是软件项目管理的重要内容之一。人员是软件项目中最重要的要素,如何建设高效的软件项目开发团队是软件项目顺利实施的保证。进度管理的主要目标是用最短的时间、最少的成本、最小的风险完成项目工作。质量管理是保证项目满足其目标要求所需要的过程。

本章要点:

- 软件规模估算及常用方法;
- 软件项目的风险管理及风险管理过程;
- 软件项目的人员组织及管理;
- 软件项目的进度管理及过程;
- 软件项目质量管理及过程。

10.1 软件规模估算

10.1.1 软件规模估算概述

软件需求和规模估算是软件项目管理的基础。在准确理解客户的需求后,使用科学实用的估算方法对软件系统的规模、工作量和进度做出合理的估算,才能保证在预算内按时按质完成项目。根据软件规模的估计结果,能够对项目的工作量、进度和费用进行量化,以便在此基础上制定项目计划。

软件规模估算是指根据软件的开发内容、开发工具和开发人员等因素,对需求分析、软件设计、编码、测试等开发过程所花费的时间和工作量所做的估算。这是一项比较复杂的事情,由于软件本身的复杂性、历史经验的缺乏以及估算工具的不实用等,导致软件项目的规模估算往往和实际情况有一定的差距。

10.1.2 软件规模估算常用方法

软件规模即软件开发的工作量，是从软件项目范围中抽出的软件功能，然后确定每个功能所必须执行的一系列软件开发任务。软件规模估算的常用方法有代码行技术、类比法、功能点分析法、CoCoMo模型和自动化规模估算工具等。

1. 代码行技术

代码行技术是比较简单的定量估算软件规模的方法，依赖以往开发类似产品的经验和历史数据，估算实现一个功能所需要的源代码行数。当有以往类似产品的历史数据可以参考时，这种方法估算出的数值还是比较准确的。

代码行（Line of Code，LOC）指所有可执行的源代码行数，包括可交付的工作控制语言语句、数据定义、数据类型声明、等价声明和输入/输出格式声明等。一代码行（1 LOC）的价值和人月均代码行数可以体现一个软件生产组织的生产能力。项目组织可以根据对历史项目的审计来核算组织的单行代码价值。

范例 1：某软件公司统计发现该公司每一万行用 C 语言编写形成的源文件（.c 和 .h文件）约为 250KB。某项目的源文件大小为 3.75MB，则可估算该项目源代码大约 15 万行，该项目累计投入工作量为 240 人月，每人月费用为 10 000 元，则：

该项目中 1 LOC 的价值为：（240×10 000）/150 000＝16 元/LOC。

该项目的人月均代码行数为：150 000/240＝625LOC 人月。

代码行分析法的主要优点是容易计算，但也存在过于依赖所用的编程语言和个人的编程风格的问题，同时只强调编码的工作量。

2. 类比法

类比法适合评估一些与历史项目在应用领域、环境和复杂度相似的项目，通过新项目与历史项目的比较进行规模估算。类比法估算结果的精确度取决于历史项目数据的完整性和准确度。使用类比法的前提条件之一是组织建立起较好的项目评价与分析机制，对历史项目的数据分析是可信赖的。

软件项目中如果采用类比法进行估算，往往还要解决可重用代码的估算问题。估算可重用代码量的最好办法就是由程序员或系统分析员详细地考查已存在的代码，估算出新项目可重用代码中需重新设计的代码百分比、需重新编码或修改的代码百分比以及需重新测试的代码百分比。根据这 3 个百分比，可用下面的计算公式计算等价新代码行：

等价代码行＝[（重新设计％＋重新编码％＋重新测试％）/3]×已有代码行

范例 2：有 10 000 行代码，假定 30％需重新设计，50％需重新编码，70％需重新测试，那么其等价代码行可以计算为：

$$[（30％＋50％＋70％）/3]×10 000＝5000（等价代码行）$$

即，若能重用 10 000 代码相当于编写 5000 代码行的工作量。

3. 功能点技术

功能点技术是从用户的角度在需求分析阶段基于系统功能的一种规模估算方法。该方法克服了项目初始阶段无法得知源代码行数的实际困难，从软件产品的功能度出发估算软件产品规模。功能点技术是用系统的功能数量来测量其规模，与实现产品所使用的语言和技术没有关系。

面向功能的软件度量是对软件和软件开发过程的间接度量,主要考虑程序的"功能性"和"实用性",而不是代码行计数。利用软件信息域中一些计数和软件复杂性估算的经验关系式而导出功能点(FP)。

1979 年 IBM 的 Alan Albrecht 开发出了计算功能点的方法,功能点提供一种解决问题的结构化技术,它是一种将系统分解为较小组件的方法,使系统能够更容易理解和分析。在功能点分析中,系统被分为 5 种类型的功能,分别是外部输入、外部输出、外部查询、内部逻辑文件和外部接口文件。应用系统功能如图 10.1 所示。

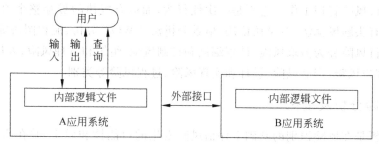

图 10.1 应用系统功能

使用功能点方法需要评估产品所需要的内部基本功能和外部基本功能,然后根据技术复杂度因子对它们进行量化,产生规模估算的最终结果。

功能点计算公式:

$$FP = UFP \times CAF$$

其中,UFP 表示未调整功能点数,CAF 表示调整系数(技术复杂度因子)。

10.2 风险管理

10.2.1 软件项目风险定义及管理重要性

软件项目风险是指在软件开发过程中遇到的需求不明确、预算不足、开发人员变动和进度超期等方面的问题以及这些问题对软件项目的影响。现阶段在众多软件公司开发软件的过程中,都会涉及到软件项目的风险管理,若公司对软件项目风险管理不当,风险就会成为现实,就有可能影响到项目的进度,增加项目的成本,甚至使软件项目不能实现。恰当的对软件项目进行风险管理,可以最大限度地减少风险的发生。

软件项目风险管理是软件项目管理的重要内容。在进行软件项目风险管理时,首先要识别风险,评估它们出现的概率及产生的影响,然后建立一个规划来管理风险。风险管理的主要目标是预防风险。

风险管理在软件项目管理中占有非常重要的地位。首先,有效的风险管理可以提高项目的成功率。其次,风险管理可以增加团队的健壮性。与团队成员一起进行风险分析可以让大家对困难有充分估计,对各种意外有心理准备,大大提高组员的信心,从而稳定队伍。最后,有效的风险管理可以帮助项目经理抓住工作重点,将主要精力集中于重大风险,将工作方式从被动救火转变为主动防范。风险管理涉及的主要过程包括风险识别,风险分析,风险应对计划制定和风险监控。

10.2.2　风险识别

风险识别是指找出影响项目目标顺利实现的主要风险因素,并识别出这些风险究竟有哪些基本特征、可能会影响到项目的哪些方面。系统地识别风险是风险识别过程的关键。识别风险不仅要确定风险的来源,还要确定何时发生和风险产生的条件,同时描述其风险特征,确定哪些风险事件有可能影响本软件项目。风险识别是一项贯穿于项目实施全过程的项目风险管理工作。它不是一次性行为,而应有规律的贯穿整个项目中。风险识别的方法有头脑风暴法、专家访谈法、情景分析法、SWOT分析、流程图法等。

软件项目风险分为需求风险、计划编制和控制风险、组织和管理风险、人员风险、开发环境风险、客户风险、产品风险、设计和实现风险、过程风险等类别。

10.2.3　风险分析及量化

风险分析是在风险识别的基础上评估风险发生的可能性和后果,并在所有已识别的风险中评估这些风险价值。其目的在于找出风险的原因,衡量其结果和风险大小。将风险按优先级别进行等级划分,以便制定风险管理计划,不同级别风险区别对待,使风险管理的效益最大化。

根据风险分析的内容,将风险分析过程分为风险评估和风险评价两个活动。

1. 风险评估

风险评估是评估项目中已识别的各种风险发生的概率和风险出现后产生的后果,并描述风险对项目的潜在影响和整个项目的综合风险。

风险评估过程包括定义风险评估准则、评估风险事件发生的可能性、评估风险事件发生造成的损失以及计算风险值。

2. 风险评价

风险评价是根据给定的风险评判标准,判断项目是继续执行还是终止。对于继续执行的项目,要进一步给出各个风险的优先排序,确定哪些是必须控制的风险。

10.2.4　风险应对计划

风险应对计划是针对项目的风险,开发和制定一个风险应对的方案,目的是提高实现项目目标的机会。风险应对计划包括项目主要风险,针对该风险的主要应对措施,每个措施必须有明确的人员来负责,要求完成的时间以及进行的状态。当前项目风险处理手段主要包括风险控制、风险自留和风险转移等3种类型。

1. 风险控制

指采取一切可能的手段规避项目风险和消除项目风险,或采取应急措施将已经发生的风险及其可能造成的风险损失控制在最低限度或可以接受的范围内。

2. 风险自留

对于不可预见的风险,例如不可抗力,或者在风险规避、风险转移或者风险减轻不可行,或者上述活动执行成本超过可接受风险的情况,采用风险自留的手段。此外,还包括当风险无法得到有效控制但项目又很有必要进行时,项目决策者也会采取风险自留策略。

3. 风险转移

风险转移指通过合同的约定,由保证策略或者供应商担保将风险的后果转移给第三方。软件项目通常可以采用外包的形式来转移软件开发的风险。

10.2.5 风险监控

风险监控是项目管理的整个过程中,跟踪已识别的风险,监视残余风险和识别新的风险,确保项目风险应对计划的执行,评估风险应对措施对减低风险的有效性。风险监控记录与应急计划执行相关联的风险量度,是项目整个生命周期中的一个持续进行的过程。随着项目的进展,风险会不断变化,可能会有新的风险出现,也可能有预期的风险消失。良好的风险监控过程能为我们提供充足的信息,帮助我们在风险发生前做出有效的决策。

项目风险监控的依据包括项目风险管理计划和实际项目风险发展变化情况。风险监控的方法包括核对表、定期项目评估、风险审计、偏差分析、挣值分析法等方法

10.3 人 员 组 织

在软件项目开发中,开发人员是最大的资源。然而大多数软件的规模都比较大,单个软件开发人员无法在规定的期限内独立完成开发工作。因此,必须把多名软件开发人员合理组织起来,使他们有效的分工协作,共同完成开发工作。对人员的配置和调度安排贯穿整个软件过程,人员的组织管理是否得当,是影响软件项目质量的决定性因素。

如何组织项目组是一个重要的管理问题,管理者应该合理的组织项目组,使项目组有较高的生产率,能够按照预定的进度计划完成所承担的工作。

10.3.1 团队管理概述

团队是由一定数量的个体组成的集合,这个团队包括公司内部人员、供应商、承包商和客户等。软件项目开发团队通过将具有不同潜质的人组合在一起,形成一个具有团队精神的高效率队伍来进行软件项目开发。软件项目团队成员指那些积极参与该项目工作的个体或组织,包括项目发起人、供应商、项目组成员、协助人员、客户和使用者等。

高效的软件开发团队是建立在合理的开发流程及团队成员密切合作的基础之上,团队成员需要共同迎接挑战、有效的计划、协调和管理各自的工作直至成功完成项目目标。

10.3.2 软件项目组织计划

在大多数软件项目中,组织计划是在最早的项目阶段编制的,组织计划编制的结果应在整个项目过程中定期审查以保证其连续的适用性。

软件项目组织计划包含以下内容。

1. 软件项目组织计划编制

软件项目组织计划编制的输入要素包括项目的界面、人员的配备需求及制约因素。

输出结果包括软件项目的组织结构图、角色和责任分配、人员配置管理计划及支持细节。项目组织结构设计、人员角色与责任分配是项目组织计划编制的主要内容。

2. 软件项目组织计划编制的方法和技术

软件项目组织计划编制的方法和技术包括样板、组织理论、人力资源惯例、项目干系人分析。

3. 项目团队角色的分类

项目团队角色包括项目经理、系统分析员、系统设计员、程序员、系统测试人员、软件配置管理人员、质量保证人员等。

4. 项目角色与责任分配过程

在项目启动阶段开始运作并且重复进行。一旦项目组决定了采用的技术方法，将建立一个工作分解结构图来定义可管理的工作要素。接着指定活动的定义，进一步确定工作分解结构图中各个活动所包含的工作，最后指派工作。

10.3.3 项目组织形式

组建团队首先要明确项目的组织结构，项目组织结构应该能够增加团队的工作效率，避免摩擦。项目组织是由一组个体成员为实现一个具体项目目标而协同工作的队伍，项目组织的使命是在项目经理的领导下，为实现项目目标而努力工作。

项目管理中的组织结构分为职能型组织结构、项目型组织结构和矩阵型组织结构等3种。

1. 职能型组织结构

职能型组织结构是一种常规的线性组织结构，是一个标准型的金子塔形的组织形式。在职能型组织结构中，项目是以部门为主体来承担项目的，一个项目由一个部门或多个部门承担，一个部门也可能承担多个项目。这种组织结构适用于主要由一个部门完成的项目或技术比较成熟的项目。职能型组织结构图如图10.2所示。

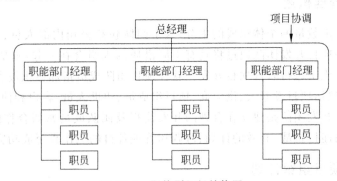

图 10.2 职能型组织结构图

2. 项目型组织结构

项目型组织结构中的部门完全是按照项目进行设置，是一种单目标的垂直组织方式，存在一个项目就有一个类似部门的项目组，当项目完成后，这个项目组代表的部门就解散了。每个项目以项目经理为首，项目经理具有高度的独立性，享有高度的权力。适用于大型的、复杂的项目或开拓型、风险较大,进度、成本和质量要求严格的项目。项目型组织结构图如图 10.3 所示。

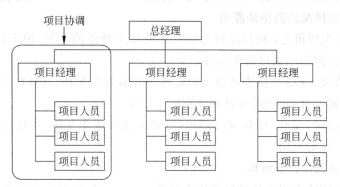

图 10.3　项目型组织结构

3. 矩阵型组织结构

矩阵型组织结构是职能型组织结构和项目型组织结构的混合体,既具有职能型组织的特征又具有项目型组织的特征。矩阵式项目组织结构中,参加项目的人员由各职能部门负责人安排,而这些人员在项目工作期间要服从项目团队的安排,是一种暂时的、半松散的组织形式,团队成员之间的沟通不需通过其职能部门领导,由项目经理直接向公司领导汇报工作。此结构适用于大型的、复杂的跨职能部门的项目。矩阵型组织结构图如图 10.4 所示。

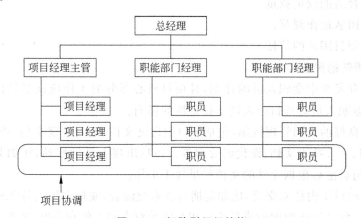

图 10.4　矩阵型组织结构

10.3.4　团队的组建

项目团队的组建是公司或企业为了完成特定的产品开发任务而组成的功能团队,它包括来自市场、技术、管理、生产工艺、工程应用、采购、营销和财务等各部门的人员。项目团队是一个由能力互补的人员组成的小组,所有成员被委托以共同的目的、行为目标和工作方法,并互相负责。

项目团队不是人员简单的聚集,在搭配团队成员时,不仅要看其技能与学识,更要从团队的整体效能考虑，把团队成员搭配问题转化成优化组合问题。要求团队的成员技能互补，致力于共同的绩效目标，并且共同承担责任。

1. 团队成员搭配的遵循的原则

（1）成员搭配按角色：项目经理要尊重团队成员角色的差异，根据团队成员各自的角色特点进行合理搭配，通过合作弥补不足。

（2）人才结构互补：团队中各成员要在各个方面形成互补，互补包括才能的互补、性格的互补、知识的互补、年龄的互补和性别的互补等。

（3）选择合适的人才：团队成员的选择，要求能够适才专用，在选择成员时遵循"不求最好，只求合适"的原则。

2. 软件项目团队人员组成

有效的项目团队由担当各种角色的人员所组成。每位成员扮演一个或多个角色；可能一个人专门负责项目管理，而另一些人则积极地参与系统的设计与实现。常见的一些项目角色包括系统分析师、系统策划师、数据库管理员、系统设计师、操作/支持工程师、程序员、项目经理、项目赞助者、质量保证工程师、需求分析师、主题专家（用户）和测试人员等。

3. 项目团队组建的步骤

（1）进行项目工作分析。

（2）项目领导者的定位。

（3）确定合适的成员数量。

（4）确立团队运作规范。

（5）构建项目团队的信任。

4. 项目团队的风险控制

（1）保证开发组中全职人员的比例，且项目核心部分的工作应该尽量由全职人员来担任，以减少兼职人员对项目组人员不稳定性的影响。

（2）建立良好的文档管理机制，包括项目组进度文档、个人进度文档、版本控制文档、整体技术文档、个人技术文档、源代码管理等。一旦出现人员的变动，比如某个组员因病退出，替补的组员能够根据完整的文档尽早接手工作。

（3）加强项目组内技术交流，比如定期开技术交流会，或根据组内分工建立项目组内部的开发小组，使开发小组内的成员能够相互熟悉对方的工作和进度，能够在必要的时候替对方工作。

（4）对于项目经理，可以从一开始就指派一个副经理在项目中协同项目经理管理项目开发工作，如果项目经理退出开发组，副经理可以很快接手。但是只建议在项目经理这样的高度重要的岗位采用这种冗余复制的策略来预防人员风险，否则将大大增加项目成本。

（5）为项目开发提供尽可能好的开发环境，包括工作环境、待遇和工作进度安排等，同时一个优秀的项目经理应该能够在项目组内营造一种良好的人际关系和工作氛围。良好的开发环境对于稳定项目组人员以及提高生产效率都有不可忽视的作用。

10.3.5 团队合作与沟通

团队合作是一种为达到既定目标所显现出来的自愿合作和协同努力的精神。通过团队合作和协同，可以调动团队成员的所有资源和才智，并且会自动地驱除所有不和谐和不公正现象，同时给予那些诚心、大公无私的奉献者适当回报。

沟通的行为和过程在团队建设中相当的重要，无论管理组织还是团队，只有进行有效的沟通，才能打造出高效率的团队。沟通是维持团队良好的状态，保证团队正常运行的关键过程与行为。当团队的运行或管理出现了新问题，部门之间以及领导者之间必须通过良好有效的沟通，才能找准症结，通过分析和讨论拿出方案，及时将问题解决。软件项目开发过程中需要进行大量的沟通，例如，要开发满足用户需要的软件，必须首先要清楚用户的需求，同时也必须让用户明白你将如何实现这些需求，还要让用户知道为什么有些需求不能实现，而有些方面可以做得更好等工作都需要沟通的技巧。

10.4　进　度　管　理

10.4.1　进度管理定义

软件项目进度管理为了确保项目按期完成所需要的管理过程，具体指项目管理者围绕项目要求编制计划并付诸实施，在此过程中检查计划的执行情况，分析进度偏差原因，不断调整计划，直至项目交付使用。通过对进度影响因素实施控制及各种关系协调，综合运用各种可行方法和措施，将项目的计划控制在事先确定的目标范围之内，在兼顾成本和质量控制目标的同时，努力缩短时间。

项目进度管理可以通过以下方式完成：制定项目里程碑管理运行表；定期举行项目状态会议，由软件开发方报告进度和问题，用户方提出意见；比较各项任务的实际开始日期与计划开始日期是否吻合；确定正式的项目里程碑是否在预期完成。

10.4.2　进度管理过程

有效的进度管理是保证软件开发项目如期完成的重要环节。进度管理包括两部分内容，即项目进度计划的制定和项目进度计划的控制。在项目实施之前，必须先制定出一个切实可行的、科学的进度计划，然后再按计划逐步实施。其制定步骤一般包括收集信息资料、进行项目结构分解、项目活动时间估算、项目进度计划编制等几个步骤。

为保证项目进度计划的科学性和合理性，在编制进度计划前，必须收集真实、可信的信息资料，以作为编制进度计划的依据。这些信息资料包括项目背景、项目实施条件、项目实施单位、人员数量、技术水平以及项目实施各个阶段的定额规定等等。

进度管理过程包括：

(1) 活动定义(Activity definition)。

(2) 活动排序(Activity sequencing)。

(3) 活动资源评估(Activity resource estimating)。

（4）活动历时评估（Activity duration estimating）。

（5）制定进度计划（Schedule development）。

（6）进度控制（Schedule control）。

10.4.3　软件项目任务分解

软件项目任务分解是指将一个项目分解为更多的工作细目，使项目变得更易管理、更易操作。

1. WBS（Work Breakdown Structure，工作分解结构）

（1）为了完成项目的目标和创造项目的可交付成果，由项目团队进行的一种对项目工作有层次的分解。

（2）面向可交付成果的对项目元素的分解，它组织并定义了整个项目范围，不在WBS 中包括的工作就不是该项目的工作。

（3）一个分级的树型结构，是对项目由粗到细的分解过程。工作结构每细分一个层次表示对项目元素更细致的描述。

（4）工作包是 WBS 的最低层次的可交付成果，它应当由唯一主体负责完成。

（5）根据需求分析的结果和项目的相关要求，分解出 WBS。

WBS 示例图如图 10.5 所示。

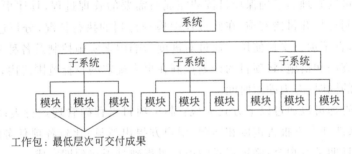

图 10.5　WBS 示例

2. 常见的任务分解方法

（1）模板参照法：许多应用领域都有标准或半标准的 WBS，它们可以当作模板参考使用。

（2）类比法：参考类似的已经完成项目的 WBS 和以前的项目经验，根据当前项目特点做必要的调整，从而得到新项目的 WBS。如果软件组织经常性的在某一行业或某一类产品中重复多个项目，则项目的重合度比较高，较适合采用类比法。

（3）自顶向下法：采用演绎推理法，把项目从粗粒度的任务逐层细化，得到整个项目的分解结构。

（4）自底向上法：通过将细粒度的工作逐层归纳而得到的整个项目的 WBS。

3. 任务分解的基本步骤

（1）确认并分解项目的主要组成要素，主要组成要素是这个项目的工作细目。

（2）确定分解标准，按照项目实施管理的方法分解，分解的标准要统一。

（3）确认分解是否详细，是否可以作为费用和时间评估的标准。

（4）确定项目交付成果。

（5）验证分解正确性。

任务分解完成后，需要完成对任务分解结果的检验，核实任务分解的正确性。

10.4.4　软件项目进度计划

项目进度计划是软件开发过程的最重要的计划，项目负责人或项目组高层必须将软件项目开发细分为各个活动细项，然后再评估每个活动细项周期。软件项目计划的制定必须经过充分考虑，得到参与者的承诺、并且进度安排必须是可完成的。

1. 制定进度计划的条件

完成进度计划的制定首先需要采用工作分解结构（WBS）方法，将项目划分成能够管理的若干活动和若干任务；然后确定各部分间相互关系、任务历时估计和时间分配；其次确定投入的工作量、确定人员的责任；最后确定工作成果、规定里程碑。

2. 编制进度计划常用的方法

编制进度计划常用的方法有甘特图法、关键路径法和计划评审技术等 3 种。关键路径法和计划评审技术是用网络图来表达项目中各项活动的进度和它们之间的相互关系，计算图中的时间参数，确定关键路线。

（1）甘特图表示法。甘特图（Grantt Chart）又称为横道图、条状图（Bar chart）。它是以图示的方式通过活动列表和时间刻度形象地表示出任何特定项目的活动顺序与持续时间。甘特图内在思想简单，基本是一条线条图，横轴表示时间，纵轴表示活动（项目），线条表示在整个期间计划和实际的活动完成情况。它直观地显示项目的基本任务信息，表明任务计划在什么时候进行，及实际进展与计划要求的对比。管理者由此极为便利地弄清一项任务（项目）还剩下哪些工作要做，并可评估工作进度。条状甘特图如图 10.6 所示。

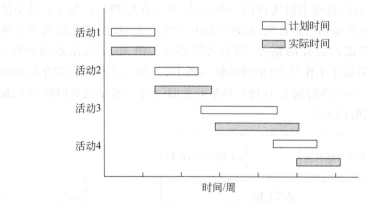

图 10.6　条状甘特图

甘特图具有简单、明了、直观，易于编制，且能够表明已有的静态联系等优点，适用于小规模的项目开发监控、管理。但它也有明显的不足，因为它不是以图解的方式表达活动之间的相互关系，因此，如果某一项活动被延误，受到影响的活动不能明显的表示出来；此外，对计划进行手工改动很不方便，如果项目一开始的一项活动被延误，则剩下的许多线段或横条不得不重画。

(2) 关键路径法。关键路径法(Critical Path Method,CPM)又称为关键线路法,是一种计划管理方法,它上连着 WBS(工作分解结构),下连着执行进度控制与监督。它是通过分析项目过程中哪个活动序列进度安排的总时差最少来预测项目工期的网络分析。关键路径是项目计划中最长的路线。它用网络图表示各项工作之间的相互关系,找出控制工期的关键路线,在一定工期、成本、资源条件下获得最佳的计划安排,以达到缩短工期、提高工效、降低成本的目的。项目经理必须把注意力集中于那些优先等级最高的任务,确保它们准时完成,关键路径上的任何活动的推迟将使整个项目推迟。向关键路径要时间,向非关键路径要资源。所以在进行项目操作的时候确定关键路径并进行有效的管理是至关重要的。

下面介绍关键路径法中的几个重要概念。

- 最早开始时间(earliest start time,ES)是指某项活动能够开始的最早时间。
- 最早完成时间(earliest finish time,EF)是指某项活动能够完成的最早时间,计算方法为：EF＝ES＋工期估计。

某项活动的最早开始时间＝直接指向这项活动的最早结束时间中的最晚时间。

- 最迟开始时间(latest start time,LS)是指某项活动最晚可以开始执行的时间。
- 最迟完成时间(latest finish time,LF)是指某项活动最晚可以完成的时间,计算方法为：LS＝LF－工期估计。

某项活动的最迟完成时间＝该项活动直接指向的所有活动的最迟开始时间中的最早的那一个。

- 关键路径：从项目开始到项目完成有许多条路径,在整个网络图中最长的路径叫做关键路径。
- 非关键路径：在整个网络图中非最长的路径都叫做非关键路径。

关键路径法是时间管理中很实用的一种方法,其工作原理是：为每个最小活动单位计算工期,定义最早开始和结束日期、最迟开始和结束日期,按照活动的关系形成顺序的网络逻辑图,找出必需的最长的路径,即为关键路径。图 10.7 为结点描述图示,其中图 10.7(a)体现的是最小工作结点(活动单位);图 10.7(b)是工作结点抽象后形成的活动结点的表示,活动 a 的持续时间为 1(周),最早开始时间为 0,最早完成时间为 1,最迟开始时间为 0,最迟完成时间为 1。

(a) 工作节点

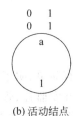

(b) 活动结点

图 10.7　结点图例

为了能够确定项目路径中各个活动的最早开始时间 ES、最早完成时间 EF、最迟开始时间 LS 和最迟完成时间 LF,可以采用正推法(Forward Pass)和逆推法(Backward Pass)来计算。

正推法(Forward Pass)用于计算活动和结点的最早时间,其算法如下:

(1) 设置网络中的第一个结点的时间,如设置为 1。

(2) 选择一个开始于第一个结点的活动开始进行计算。

(3) 令活动最早开始时间等于其开始结点的最早时间。

(4) 在选择的活动的最早开始时间上加上其工期,就是其最早结束时间。

(5) 比较此活动的最早结束时间和此活动结束结点的最早时间。如果结束结点还没有设置时间,则此活动的最早结束时间就是该结束结点的最早时间;如果活动的结束时间比结束结点的最早时间大,则取此活动的最早结束时间作为结点的最早时间;如果此活动的最早结束时间小于其结束结点的最早时间,则保留此结点时间作为其最早时间。

(6) 检查是否还有其他活动开始于此结点,如果有,则回到步骤(3)进行计算;如果没有,则进入下一个结点的计算,并回到步骤(3)开始,直到最后一个结点。

逆推法(Backward Pass)用于计算活动和结点的最迟时间。逆推法一般从项目的最后一个活动开始计算,直到计算到第一个结点的时间为止。在逆推法的计算中,首先令最后一个结点的最迟时间等于其最早时间,然后开始计算。具体算法如下:

(1) 设置最后一个结点的最迟时间,令其等于正推法计算出的最早时间。

(2) 选择一个以此结点为结束结点的活动进行计算。

(3) 令此活动的最迟结束时间等于此结点的最迟时间。

(4) 从此活动的最迟结束时间中减去其工期,得到其最迟开始时间。

(5) 比较此活动的最迟开始时间和其开始结点的最迟时间,如果开始结点还没有设置最迟时间,则将活动的最迟开始时间设置为此结点的最迟时间,如果活动的最迟开始时间早于结点的最迟时间,则将此活动的最迟开始时间设置为结点的最迟时间,如果活动的最迟开始时间迟于结点的最迟时间,则保留原结点的时间作为最迟时间。

(6) 检查是否还有其他活动以此结点为结束结点,如果有则进入第二步计算,如果没有则进入下一个结点,然后进入第二步计算,直至最后一个结点。

(7) 第一个结点的最迟时间是本项目必须要开始的时间,假设取最后一个结点的最迟时间和最早时间相等,则其值应该等于 1。

范例: 某软件项目开发共包括 6 项活动(需求分析、系统设计、Demo 开发、代码编写、测试方案、系统上线),其活动顺序、持续时间如表 10.1 所示。用关键路径方法画出项目的网络图,找出关键线路。

表 10.1　项目活动及活动时间

活 动 编 号	活 动 内 容	前 序 活 动	活动时间/周
a	需求分析	0	1
b	系统设计	a	1

续表

活 动 编 号	活 动 内 容	前 序 活 动	活动时间/周
c	DEMO 开发	a	2
d	代码编写	b,c	6
e	测试方案	a,c	1
f	系统上线	d,e	1

第一步：画出网络图。根据表 10.1 中各活动的逻辑关系,绘制出如图 10.8(a)所示的基本网络图。

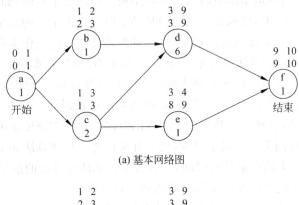

(a) 基本网络图

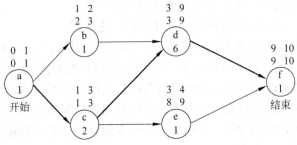

(b) 体现关键路径的网络图

图 10.8　项目网络图

为保证项目在最短时间内完成,必须计算每项工作的最早开始和最迟开始时间,这对于非关键路线上的工作尤为重要,因为这些活动可以按项目管理者的要求进行一定的推迟或调整,但不会影响整个项目的工期。

第二步：找出关键路径。本项目共有 3 条路径：

(1) a-b-d-f,共 9 周；

(2) a-c-d-f,共 10 周；

(3) a-c-e-f,共 5 周。

这 3 条线路中 a-c-d-f 为关键路径,如图 10.8(b)中粗线所示。

每项活动的最迟完成时间与最早完成时间,或者最迟开始时间与最早开始时间的差就是该作业的时差。如果某活动的时差为零,那么该作业就在关键路线上。项目的关键路径就是所有活动的时差为零的路线。

3. 计划评审方法

计划评审方法(Program Evaluation and Review Technique,PERT)是利用网络分析制定计划以及对计划予以评价的技术。当项目的某些或者全部活动持续时间估算事先不能完全肯定或存在很大不确定性时,采用概率统计方法先求得项目活动期望平均时间,并以此时间作为网络图中相关活动的持续时间,将不确定性进度计划改进为确定性进度计划,再进行进度计划时间参数估算和分析的管理方法。它能协调整个计划的各道工序,合理安排人力、物力、时间、资金,加速计划的完成。

关键路径法 CPM 和计划评审方法 PERT 的不同点是:

(1) CPM 基于单一的时间估算,从本质上说是决定论的,而 PERT 从本质上说是或然论的,每个活动时间基于分布,预期时间期限基于正态分布。

(2) CPM 注重工程费用与工期相互关系,应用于基于精确时间预算,并有较强资源依赖性,已取得一些经验的承包工程,而 PERT 注重对各项工作安排和评价,应用于估算时间的风险具有高度可变性的研究和开发项目。

10.4.5　进度控制

进度控制是对项目进度实施与项目进度变更所进行的管理控制工作。进度控制依据项目进度计划、项目进度计划实施情况报告、项目变更请求及项目进度管理措施与安排,进行项目的进度控制和监督,增强项目进度的透明度。当项目进展与项目计划出现严重偏差时需要采取适当的纠正或预防措施,有效的控制项目的进度。进度控制流程如图 10.9 所示。

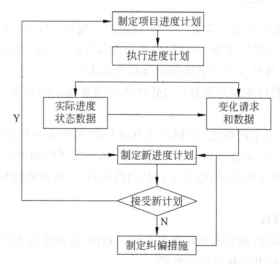

图 10.9　进度控制流程

要有效地进行进度控制,必须对影响进度的因素进行分析,事先或及时采取必要的措施,尽量缩小计划进度与实际进度的偏差,实现对项目的主动控制。影响进度的因素包括以下内容:

（1）需求的变更、人员的变更和预算的变更。

（2）软件的质量。

（3）技术难度、协调复杂程度和客户环境的变化。

（4）进度计划执行的严格程度与计划调整的及时性。

（5）项目状态信息的及时性、完整性和准确性。

（5）不可预见和不可控事件。

（7）程序员的心态和技术水平、项目的管理水平。

实现项目进度的有效控制需要做得以下几项工作：

（1）根据制定的项目进度计划对项目的各项活动进行监控。

（2）项目的实际进度与进度计划有偏差时，采取纠正或预防措施进行管理。

（3）项目进度失控后，在各种项目目标中进行平衡。

对于进度控制的措施，则可以通过以下方法加以落实：

（1）检查并掌握项目实际进度信息。

（2）做好项目计划执行中的检查与分析同。

（3）及时制定实施调整与补救措施。

（4）加强沟通交流，做好项目总结。

（5）建立合理的奖罚制度。

10.5 质 量 管 理

10.5.1 软件质量的定义

M. J. Fisher 将软件质量定义为："所有描述计算机软件优秀程度的特性的组合"。

ISO8402 将软件质量定义为："对用户在功能和性能方面需求的满足、对规定的标准和规范的遵循以及正规软件某些公认的应该具有的本质。"

ANSI/IEEE 对软件质量定义是：与软件产品满足规定的和隐含的需求能力有关的特征和特性的全体。

软件质量是一个复杂的概念，不同的人从不同的角度来看软件质量，会有不同的理解。从用户的角度看，质量就是满足客户的需求；从开发者的角度看，质量就是与需求说明保持一致；从产品的角度看，质量就是产品的内在特点；从价值的角度看，质量就是客户是否愿意购买。

1. 软件质量的特性

（1）与明确确定的功能需求和性能需求的一致性，能满足给定需要的特性之全体。

（2）与明确成文的开发标准的一致性。

（3）与所有专业开发的软件所期望的隐含的特性的一致性。

（4）顾客或用户认为能满足其综合期望的程度。

2. 软件质量标准

软件质量标准包括技术标准和业务标准。技术标准包括两个方面，一个是作为软件开发企业的软件行业技术标准,包括知识体系指南、过程标准、建模标准、质量管理标准、程序语言标准、数据库标准;另一个是软件开发服务对象所在的行业技术标准,如安全保密标准和技术性能标准等。业务标准指的是软件开发服务对象所在组织或行业制定的业务流程标准和业务数据标准。

3. 软件质量成本

质量成本是由于产品的第一次工作不正常而衍生的附加花费,包括预防成本、缺陷成本、项目返工管理时间、丧失信誉、丧失的商机以及客户好感的丧失等费用。

(1)预防成本。预防成本是为确保项目质量而进行预防工作所耗费的费用,包括评估费用和预防费用。

(2)缺陷成本。缺陷成本是为确保项目质量而修复缺陷工作所耗费的费用,包括内部费用和外部费用。

10.5.2　软件质量模型

在软件项目开发过程中,项目经理需要一个易于理解的质量模型来帮助他评估软件的质量和对风险的识别、管理,保证项目团队能够完成功能、性能、接口需求及相关指标符合预期的软件产品。

目前已经有许多质量模型来帮助理解、度量和预测软件的质量,这些模型是研究人员根据多年的软件工程实践经验提出来的,是有效地组织质量保证活动的基础。主流的软件质量模型分为两类:层次模型和关系模型。层次模型包括 McCall 模型、Boehm 模型、ISO9126 模型等;关系模型包括 Perry 模型和 Gillies 模型等。

1. McCall 模型

McCall 认为软件质量可从两个层次分析,上层是外部观察特性,下层是软件的内在特性。特性是软件质量的反映,软件属性可用于评价准则,定量化地度量软件属性,可了解软件质量的优劣。模型包括 11 个软件外部质量特性和 23 个软件内部质量特征(软件质量属性),软件的内部质量属性通过外部的质量要素反映出来。McCall 模型如图 10.10 所示。

2. ISO9126 模型

ISO9126 模型描述了一个由两部分组成的软件产品质量模型。一部分指定了内在质量和外在质量的 6 个特征,它们还可以再继续分成更多的子特征。这些子特征在软件作为计算机系统的一部分时会明显地表现出来,并且会成为内在的软件属性的结果。另一部分则指定了使用中的质量属性,它们是与针对六个软件产品质量属性的用户效果联合在一起的。

软件的 6 个质量特征具体定义如下:

(1)功能性:软件是否满足了用户的功能

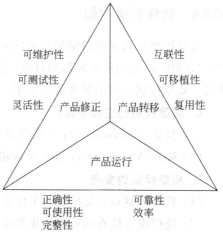

图 10.10　McCall 模型

要求。

（2）可靠性：软件是否能够一直在一个稳定的状态下满足可用性。

（3）使用性：衡量用户能够使用软件需要多大的努力。

（4）效率：衡量软件正常运行需要耗费多少物理资源。

（5）可维护性：衡量对已经完成的软件进行调整需要多大的努力。

（6）可移植性：衡量软件是否能够方便的部署到不同的运行环境中。

10.5.3　软件质量保证

质量保证贯穿于整个项目生命周期，是为了提供信用，证明项目将会达到有关质量标准，而开展的有计划、有组织的工作活动。目的是验证在软件开发过程中是否遵循了合适的过程和标准，职责是监控项目按照指定过程进行项目活动，确保过程的有效执行，审计软件开发过程中产品是否按照标准开发。质量保证是一项管理职能，包括所有有计划的系统为保证项目能够满足相关质量标准而建立的活动。质量保证是一种管理评审，重点实现合规性检查。质量保证为持续改进过程提供保证。

软件质量保证的目标是以独立审查方式，从第三方的角度监控软件开发任务的执行，围绕软件项目是否遵循已制定的计划、标准和规程，给开发人员和管理层提供反映产品和过程质量的信息和数据，从而提高项目透明度，同时也能够辅助软件项目组取得高质量的软件产品。

质量保证的主要依据包括质量管理计划、质量控制度量结果和操作说明。质量保证的主要方法是质量审计。质量审计包括项目产品审计和项目执行过程审计。其中，项目产品审计是根据质量保证计划对项目过程中的工作产品进行质量审查的过程，项目执行过程审计是对项目质量管理活动的结构性复查，是对项目的执行过程进行检查，确保所有活动遵循规程进行。

软件质量保证活动的实施步骤如图10.11所示。

10.5.4　软件质量控制

质量控制是确立项目结果与质量标准是否相符，同时确定消除不符的原因和方法，控制产品的质量，及时纠正缺陷的过程，是对阶段性成果的测试、验证，为质量保证提供参考依据。质量控制一般由开发人员实施，发现和消除软件产品的缺陷，提高产品的质量。

1. 质量控制的主要手段

（1）验证（Verification）：主要是以开发者的视角检验产品是否被正确地构造。

（2）确认（Validation）：主要是以用户的视角确认产品是否构造正确。

2. 质量控制的要点

（1）检查控制对象是项目的工作结果。

（2）进行跟踪检查的依据是相关质量标准。

（3）对不满意的质量问题，需进一步分析产生原因，并确定采取何种措施来消除。

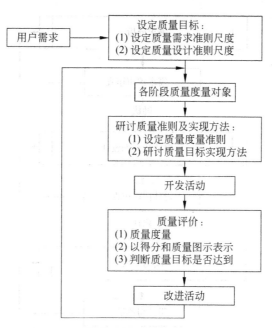

图 10.11　软件质量保证活动的实施步骤

3．质量控制依据

（1）项目的阶段工作成果，包括项目的实施结果和产品结果。

（2）项目质量管理计划。

（3）操作描述。

（4）检查表。各种检查表是记录项目执行情况和进行分析的工具，既可以简单，也可以复杂，但需要项目小组形成一种较标准的体系。

4．软件项目中的质量控制活动

（1）检查：包括度量、考察、测试以及对比等。

（2）控制图：是一种图形的控制方法，它显示软件产品的质量随着时间变化情况，在控制图中标示出质量控制的偏差标准。监控项目的进度和费用变化、范围变化的幅度和频率以及项目的其他管理结果等。

（3）抽样统计：根据一定的概率分布抽取部分产品进行检查，以小批量的抽样为基准进行检验，以确定大量或批量产品质量的最常用方法。

（4）流程图：流程图经常用于项目质量控制过程中，包括原因结果图、系统流程图、处理流程图等，其主要目的是确定以及分析问题产生的原因。

（5）趋势分析：应用数学方法根据历史数据预测项目将来的发展趋势。可以用于监控项目的技术参数，例如，一般规模的软件存在多少个错误以及多少识别和修改，多少错误仍然未被发现等；也可以用于对费用和进度参数的预测。

软件质量控制活动流程如图 10.12 所示。

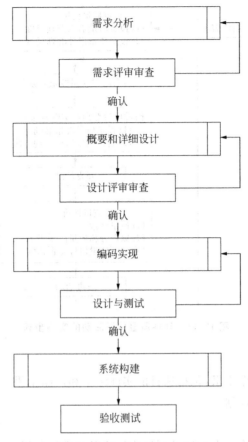

图 10.12   软件质量控制活动流程

本 章 小 结

　　软件项目管理的根本目的是为了让软件项目尤其是大型项目的整个软件生命周期能够在管理者的控制之下，以预定成本按期、优质的完成，交付用户使用。

　　本章主要论述软件规模估算作用及规模估算常用方法，软件项目的风险及风险管理，风险的识别分析和应对，风险的监控。软件项目的人员组织管理，包括团队管理、团队的组建及团队的合作。软件项目的进度管理，包括进度管理定义、进度管理的过程、软件项目任务分解及进度计划的制定、进度控制。软件项目的质量管理，软件质量的定义，软件项目的质量保证和软件项目质量的控制。

习   题

1. 简述软件项目管理的重要性及软件项目管理包含的内容。
2. 软件项目规模估计的方法有哪些？

3. 软件项目团队组织及管理的重要性体现在哪些方面？

4. 简述软件项目的进度控制重要性及方法。

5. 如何实施软件项目质量控制？

6. 针对前面章节中的体能测试的案例，试组织一个开发团队，完成人员分工，并进行规模估算。

7. 针对第 4 章习题 11 的项目，试进行规模估算。

8. 结合实际的需要设定一个项目，按照软件生命周期，运用面向对象技术进行开发，构建主义模型，并进行项目的规模和风险估算。

参 考 文 献

1. 郑仁杰,马素霞,殷人昆. 软件工程概论. 北京:机械工业出版社,2011.

2. 曾强聪,赵歆. 软件工程原理与应用. 北京:清华大学出版社,2011.

3. 郭宁. 软件工程实用教程(第2版). 北京:人民邮电出版社,2011.

4. 刘冰,赖涵,瞿中,王化晶. 软件工程实践教程(第2版). 北京:机械工业出版社,2011.

5. 殷人昆,郑仁杰,马素霞,白晓颖. 实用软件工程(第3版). 北京:清华大学出版社,2010.

6. 孙涌,陈建明,王辉. 软件工程教程. 北京:机械工业出版社,2010.

7. 吴洁明,方英兰. 软件工程实例教程. 北京:清华大学出版社,2010.

8. 贾铁军. 软件工程技术及应用. 北京:机械工业出版社,2009.

9. 韩万江. 软件工程案例教程. 北京:机械工业出版社,2010.

10. 谭庆平,毛新军,董威. 软件工程实践教程. 北京:高等教育出版社,2009.

11. 郑仁杰,马素霞,麻志毅. 软件工程. 北京:人民邮电出版社,2009.

12. 刁成嘉. UML系统建模与分析设计课程设计. 北京:机械工业出版社,2009.

13. 李东生,崔冬生,李爱萍. 软件工程——原理方法和工具. 北京:机械工业出版社,2009.

14. 俞志翔. 面向对象分析与设计(UML2.0). 北京:清华大学出版社,2006.

15. 国家标准化管理委员会. GB/T 8567:2006 计算机软件文档编制规范. 北京:中国标准出版社,2006.

16. 齐治昌,谭庆平. 软件工程(第2版). 北京:高等教育出版社,2004.

17. 人工神经网络. http://baike.baidu.com/view/19743.htm

18. http://zhidao.baidu.com/question/235345747.html

19. http://www.cr173.com/html/5661_2.html

20. 微软官方网站

21. http://baike.baidu.com/view/553458.htm

22. http://wenku.baidu.com/view/e0ebb6f8910ef12d2af9e775.html

23. http://www.cnblogs.com/Jackc/archive/2009/02/24/1397433.html

24. http://wenku.baidu.com/view/e2813582e53a580216fcfea5.html

25. http://wenku.baidu.com/view/afee51e8998fcc22bcd10dca.html

26. http://wenku.baidu.com/view/066a042d3169a4517723a33e.html

27. http://wenku.baidu.com/view/0615498783d049649b665802.html

28. http://baike.baidu.com/link?url = PVKyOFXns4dLkLxhw18cln1WBz07ZjvNI8DKecaklGh-r-P7NARK-FPInE3d9RAnQ7sAN4CFllWO-0MZA4LgNa

29. Microsoft Visio 2010

30. Rational Rose 2007

31. 袁桃. 等同的人机交互界面的研究. 南昌大学 硕士论文集.2006.

32. 骆斌,冯桂焕. 人机交互软件工程视角. 北京:机械工业出版社,2012.

33. [美]Karl E. Wkgerv. 软件需求. 刘伟琴,等译. 北京:清华大学出版社,2004.

34. 阎宏. Java与模式. 北京:电子工业出版社,2002.

35. 段爱玲,等. 管理信息系统. 北京:机械工业出版社,2005.

36. 范玉顺,等. 复杂系统的面向对象建模、分析与设计. 北京:清华大学出版社,2000.

37. 梁震戈. IT 项目的面向对象开发及管理：电子政务系统案例分析. 北京：电子工业出版社,2009.

38. 张海藩. 软件工程导论(第 5 版). 北京：清华大学出版社,2009.

39. 陶华亭. 软件工程概论. 北京：高等教育出版社,2007.

40. 肖刚,等. 实用软件文档写作. 北京：清华大学出版社,2005.

41. 谭云杰. 大象：Thinking in UML. 北京：中国水利水电出版社,2010.

42. 窦万峰,等. 系统分析与设计方法及实践. 北京：机械工业出版社,2010.

43. [英]Ken Lunn. UML 软件开发. 北京：电子工业出版社,2005.